Rechenwege 1

Ausgabe NORD

Berlin, Brandenburg,
Mecklenburg-Vorpommern,
Sachsen-Anhalt

Herausgegeben von

Friedhelm Käpnick

Erarbeitet von

Mandy Fuchs
Wolfgang Grohmann
Friedhelm Käpnick
Elke Mirwald

sowie

Angelika Möller
Petra Müller
Christine Münzel

Illustrationen von

Maja Bohn (Lucie und Detektiv)
und
Cleo-Petra Kurze

VOLK UND WISSEN

Inhaltsverzeichnis

Addieren und Subtrahieren bis 20

Zählen und Rechnen über 20 hinaus

Projekte, Übungen, Prüfstationen

Schnupperkurs

Unsere Lerngruppe

Hinweise zu den Aufgaben

 • Finde und probiere eigene Lösungsideen!

 • Lerne gemeinsam mit anderen!

 • Übe und prüfe, was du schon kannst!

 • Gestalte selbst ein Aufgabenblatt!

 Aufgepasst! Eine schwierigere Aufgabe!

 Wichtig! Wiederhole und übe!

Bild beschreiben, dabei über Zahlen, Rechenzeichen, Rechenaufgaben, geometrische Formen und Zeichengeräte sprechen, Begleitfiguren und Aufgabensymbole vorstellen

Hinweis: Die mit dem blauen Punkt • markierten Aufgabensymbole weisen Aufgaben aus, die sich zugleich zur natürlichen Differenzierung eignen.

→ **AH** S.2 → **ÜH** S.1

1 Wie viele … ?

Kinder 

Mädchen 

Jungen 

2 Wo ist … ?

3 Wer steht links (rechts) von … ?

 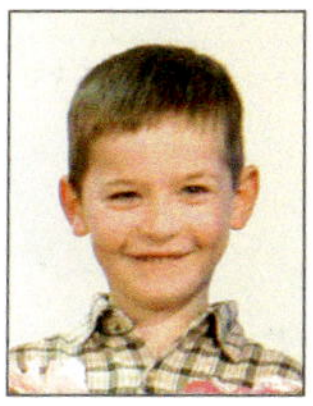 

Foto unter Verwendung von „links“, „rechts“, „vorn“, „oben“, „unten“ beschreiben

Personen und Gegenstände im Foto wiederfinden und zählen, Mengen und Anzahlen vergleichen (unter Nutzung der angegebenen Aufgaben)

→ **AH** S.2 → **ÜH** S.1

Was kann ich schon? Was lerne ich?

1

2 Mehr oder weniger?

5

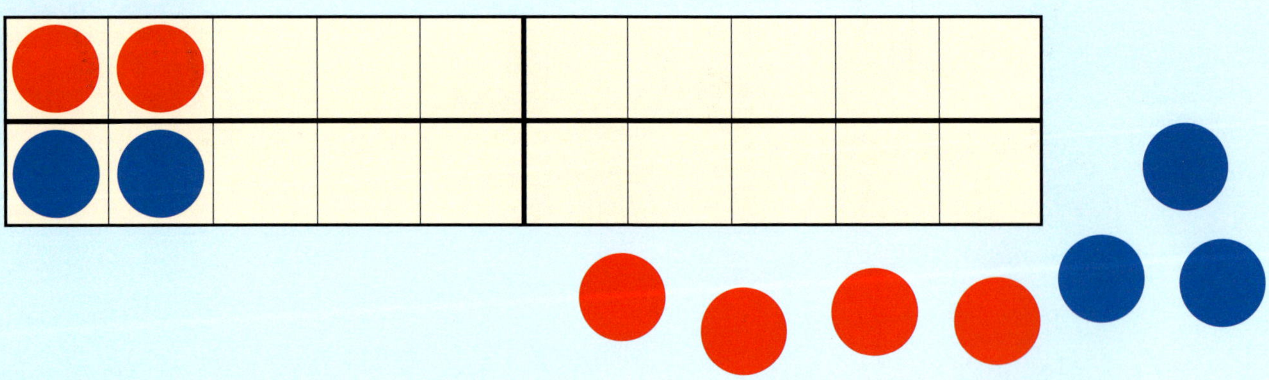

7

8 Was passt wohin?

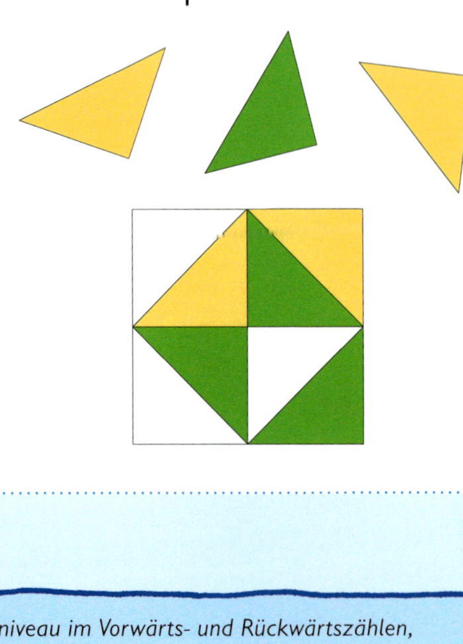

erstes Kennenlernen wichtiger Themen im Buch 1

Lernausgangsniveau im Vorwärts- und Rückwärtszählen, im Vergleichen von Mengen, im Lesen von Zahlen und im Lesen von Mustern feststellen

→ **AH** S.2 → **ÜH** S.1

3

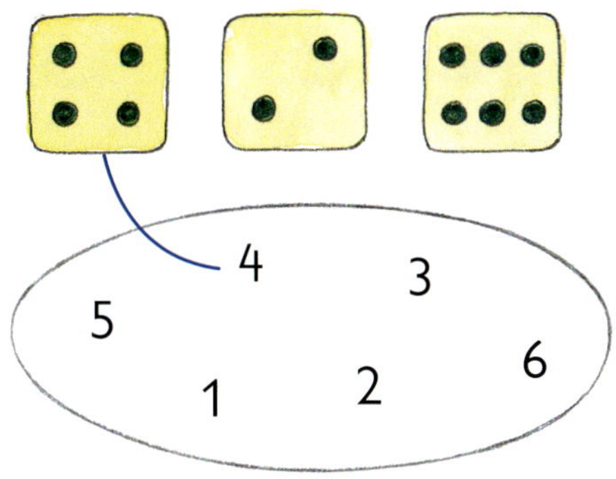

4

6

9

10

2 + 1 = ☐	2 − 1 = ☐
2 + 2 = ☐	3 − 1 = ☐
3 + 4 = ☐	4 − 2 = ☐
4 + 3 = ☐	5 − 3 = ☐
5 + 3 = ☐	6 − 4 = ☐

Lernausgangsniveau im Zuordnen von Mengen und Zahlen, im Zerlegen von Zahlen, im Rechnen mit Geld und Zahlen feststellen, Würfelspiel spielen

→ **AH** S.2 → **ÜH** S.1

Sortieren und Legen

1 a)

b)

c)

d)

2 a)

b)

c)

d)

3 Sortiere!

1/2 *zusammengehörende Dinge bzw. Figuren benennen und jeweils begründen, welcher Gegenstand bzw. welche Figur nicht dazu passt*

3 *Legematerial nach selbst gewählten Merkmalen (Farbe, Form ...) sortieren*

→ **AH** S. 3 → **ÜH** S. 2

Bauen und Zählen

1 Baue und zähle!

a)

b)

IIII	I		III	

2 a)

b)

3 a) Wie kann es weitergehen?

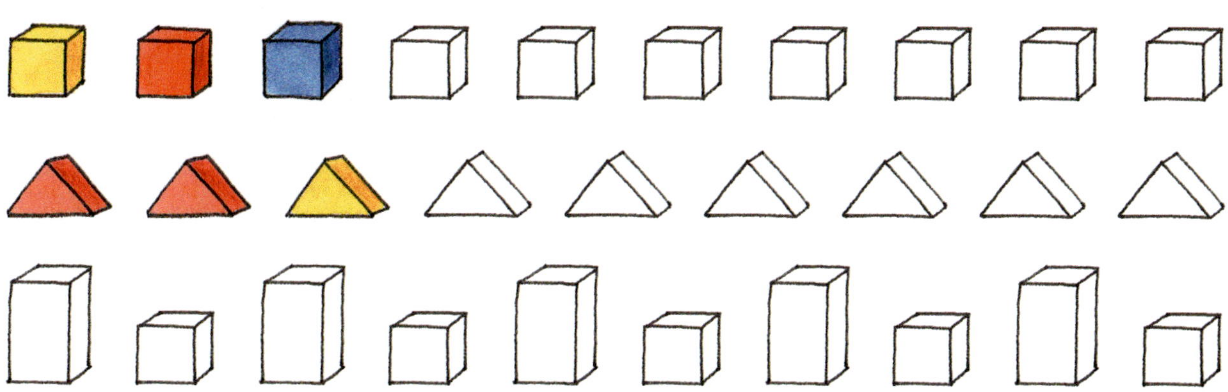

b) Baue Reihen nach verschiedenen Mustern!

1/2 Türme nachbauen und Steine zählen, Strichlisten anfertigen, selbst mit Bausteinen weiter bauen und zählen

3 Muster erkennen und fortsetzen, auch auf verschiedene Weise; Bausteine gleicher Farbe bzw. Form zählen; mit Bausteinen eigene Musterreihen legen und aufmalen

→ AH S.3 → ÜH S.2

Legen und Auslegen von Figuren und Mustern

1 a) Lege nach!

b) Finde andere Möglichkeiten und zeichne sie auf!

2 Lege auf verschiedene Weise aus!

a)

b)

3 Erfinde eine eigene Figur zum Auslegen!

1 Figur mit Formen auslegen, verschiedene Möglichkeiten für das Auslegen finden

2 Zusammenhänge zwischen Formen erkennen und beschreiben

3 mit Schablone und freihand zeichnen

→ AH S.4 → ÜH S.3

1 Beschreibe die Muster und lege sie nach!

a) 

b) 

c) 

2 Lege die Muster nach und setze sie fort!

a) 

b) 

c) 

3 Legt selbst Muster!

4 Anna hat Muster am Haus entdeckt:

a) Beschreibe ein Muster!

b) Suche Muster in deiner Umgebung!

c) Sammle deine Muster!

1.

1 *Muster unter Verwendung von „links", „rechts", „über", „unter" beschreiben und nachlegen*
2 *Muster vergrößert nachlegen und fortsetzen*
3 *Muster wechselseitig legen sowie Form, Farbe und Lagebeziehungen der Legefiguren beschreiben*
4 *Muster in der Umgebung finden, Sammelbuch anlegen*

→ **AH** S.4 → **ÜH** S.3

Die Zahlen bis 10

Die Zahlen von 1 bis 10

1	2	3	4	5
●	●●	●●●	●●●●	●●●●●

I:

Bild unter Verwendung von „links“, „rechts“, „vorn“, „hinten“, „oben“ und „unten“ beschreiben

Gegenstände, Personen, Pflanzen … zählen, Mengen und Zahlen wechselseitig zuordnen

→ **AH** S.5

Klebe oder male Bilder von verschiedenen Dingen auf ein Blatt und ordne Zahlen zu!

6	7	8	9	10

Bild unter Verwendung von „links“, „rechts“, „vorn“, „hinten“, „oben“ und „unten“ beschreiben

Gegenstände, Personen, Pflanzen … zählen, Mengen und Zahlen wechselseitig zuordnen

→ **AH** S.5

Die Zahlen 1, 2, 3

1

2

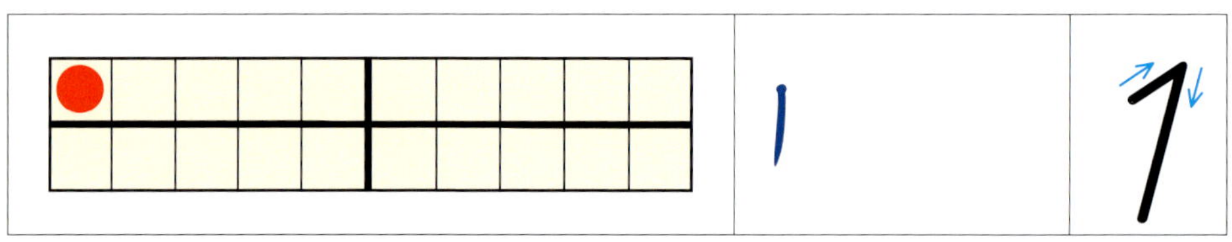

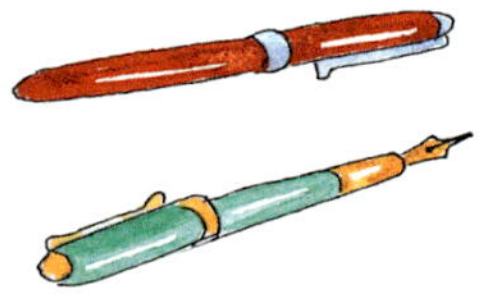

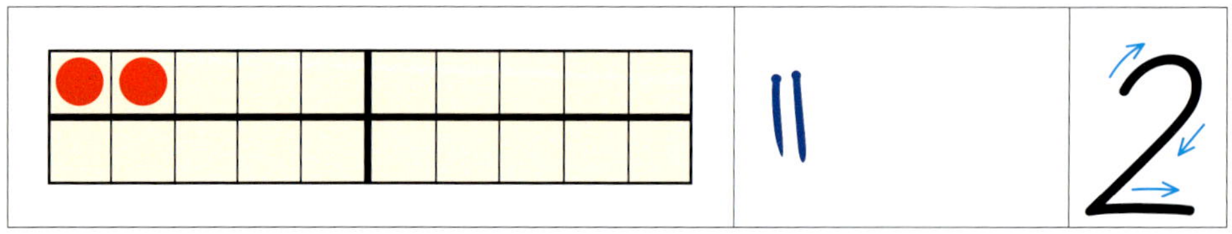

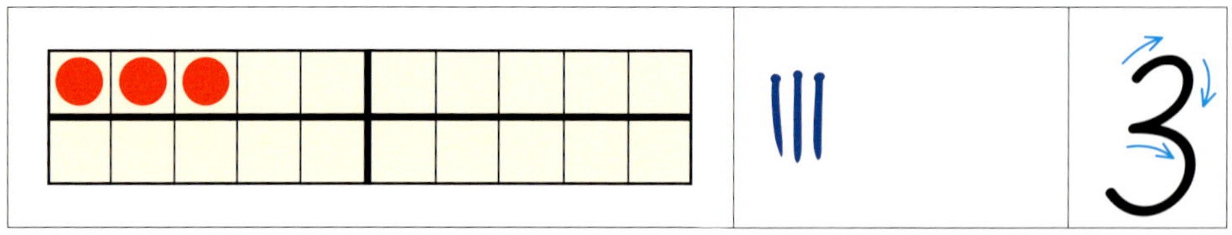

3

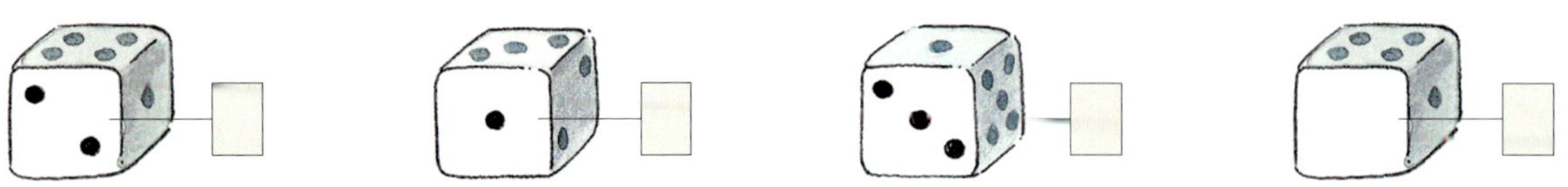

4

1 *Bild beschreiben, Dinge zählen*
2 *Zahlen 1, 2, 3 auf dem Zwanzigerfeld, mit Strichlisten und Ziffern darstellen; Ziffernschreibweisen erklären*
3 *den Würfelbildern Zahlen zuordnen und fehlende Punkte auf einem Würfel ergänzen*
4 *fehlende Zahlen auf der Perlenkette nennen*

→ **AH** S.6 → **ÜH** S.4

1

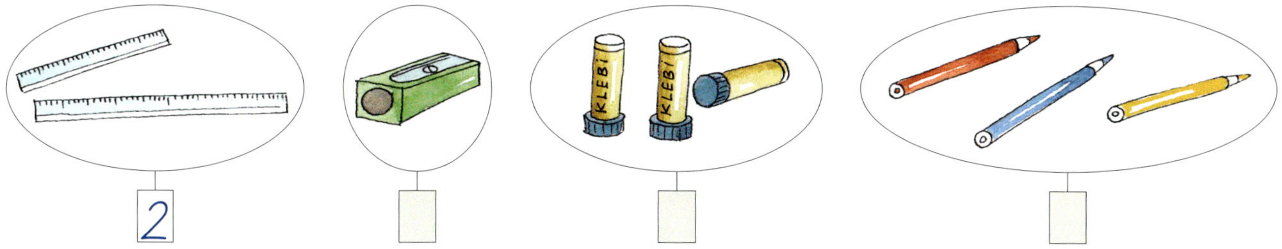

2

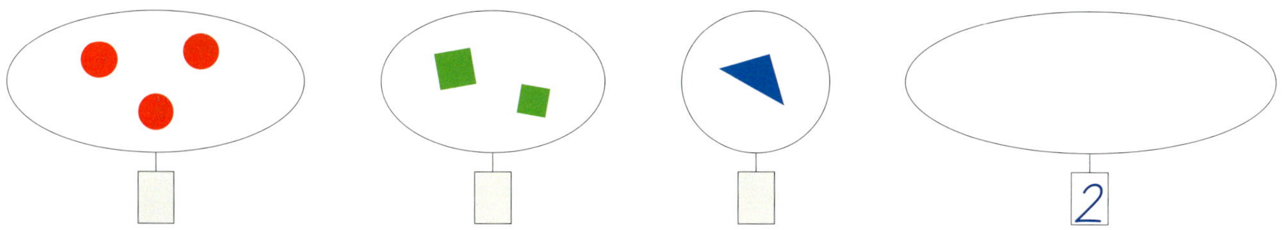

3 a)

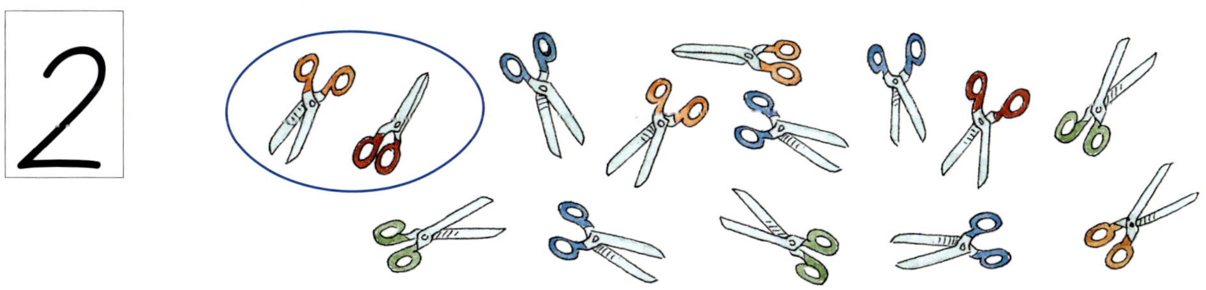

b)

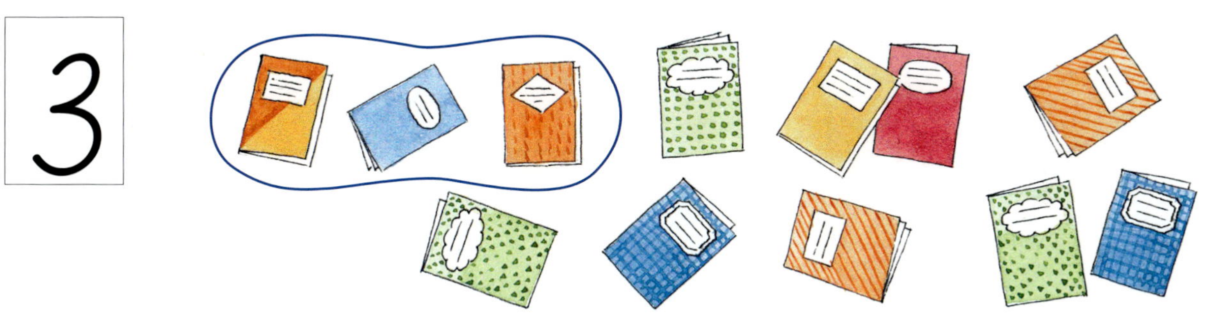

4 a) b) c)

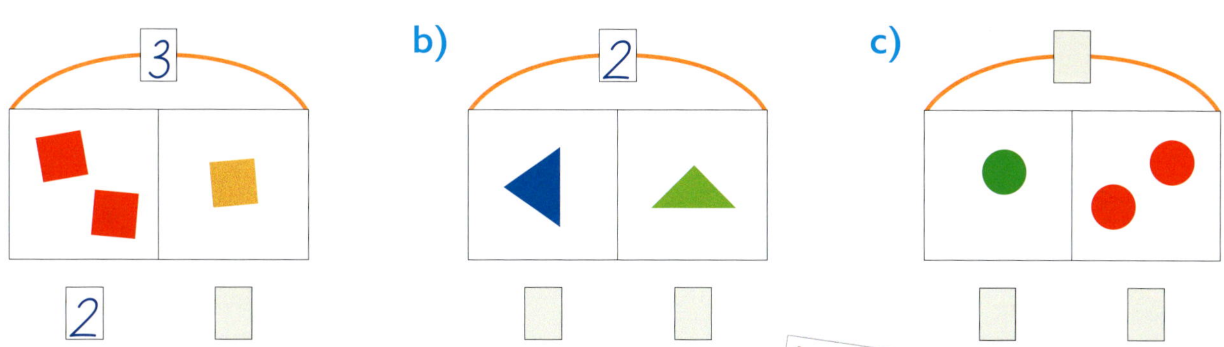

5 Klebe Bilder mit 1, 2 und 3 Gegenständen auf!

1/2 *Zählen; Mengen und Zahlen wechselseitig zuordnen*
3 *Mengen bündeln*
4 *Zahlen zerlegen*

Die Zahlen 4, 5, 6

1

2

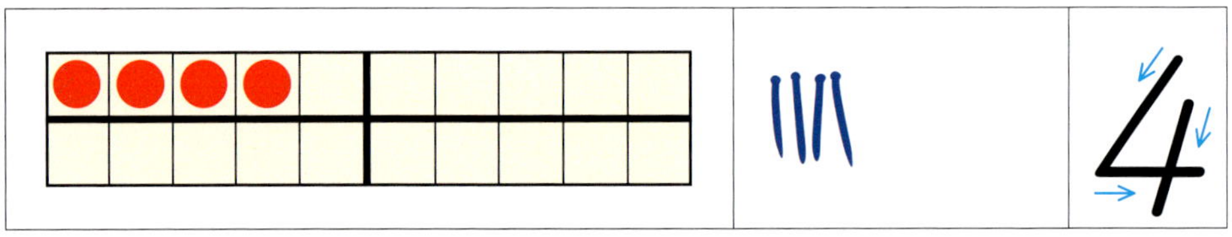

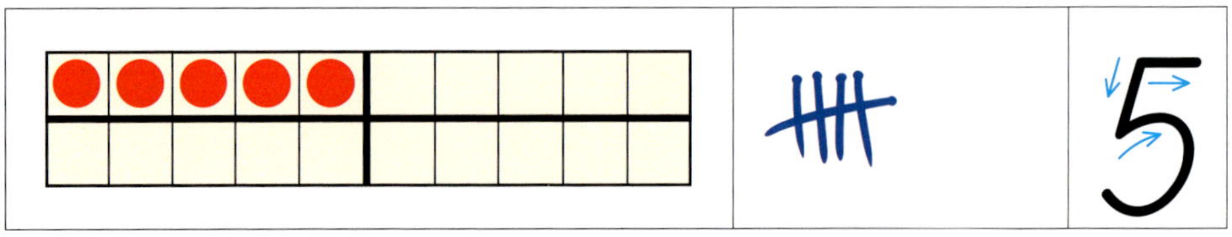

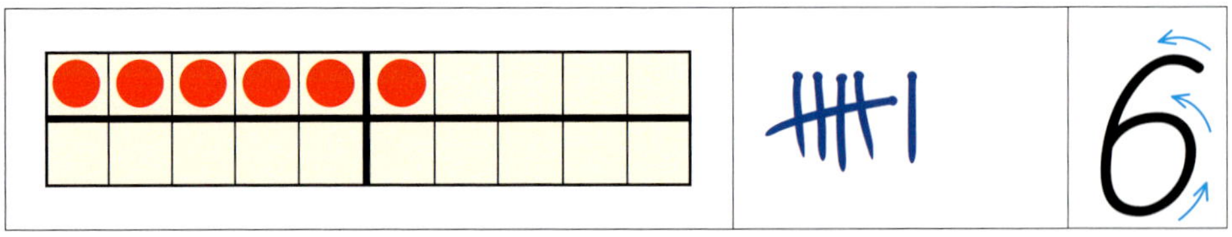

3

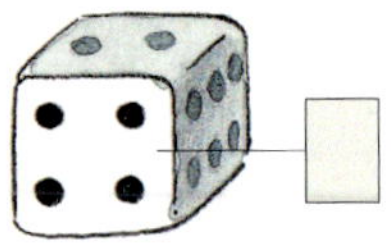

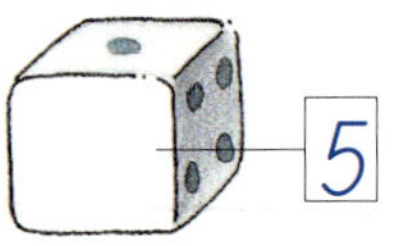

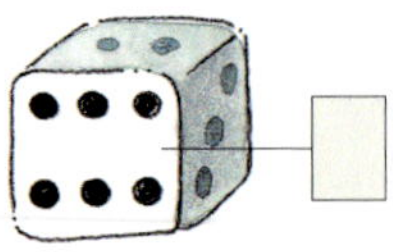

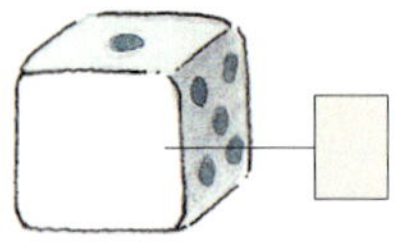

4

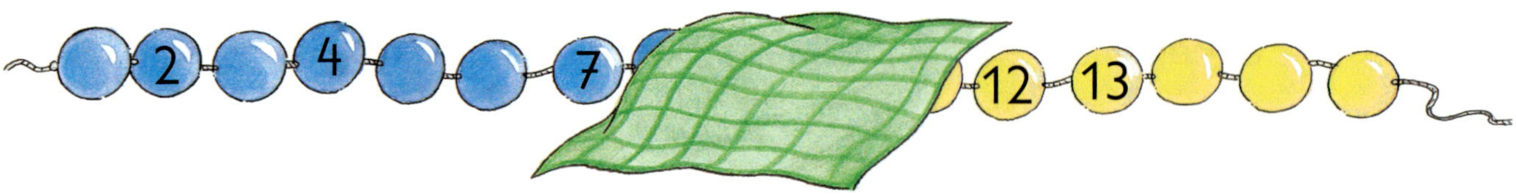

1 *Bild beschreiben, Dinge zählen*
2 *Zahlen 4, 5, 6 auf dem Zwanzigerfeld, mit Strichlisten und Ziffern darstellen; Ziffernschreibweisen erklären*
3 *den Würfelbildern Zahlen zuordnen und fehlende Punkte auf den Würfeln ergänzen*
4 *fehlende Zahlen nennen*

→ **AH** S.7 → **ÜH** S.5

1 a)

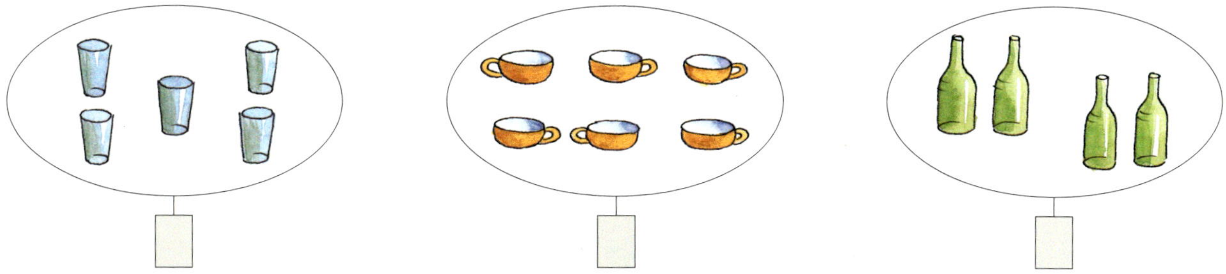

b)

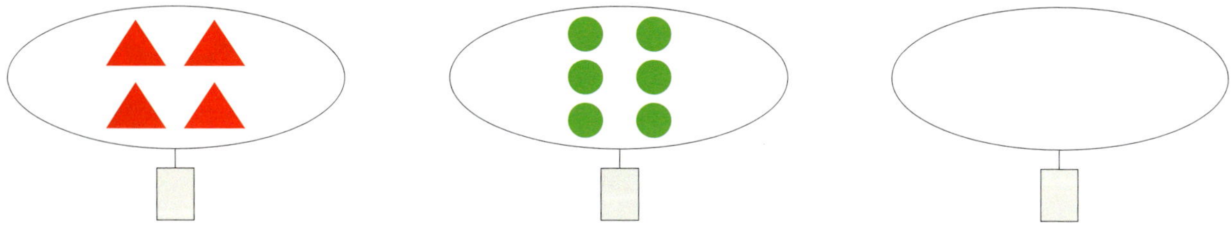

2 a)

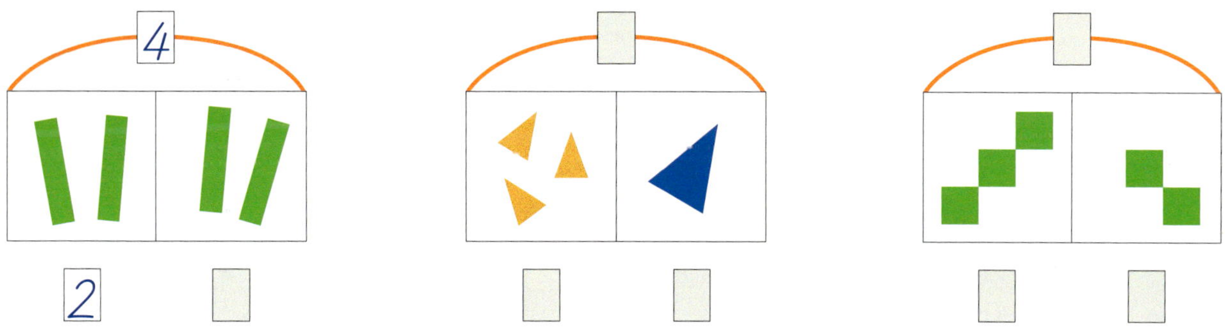

b)

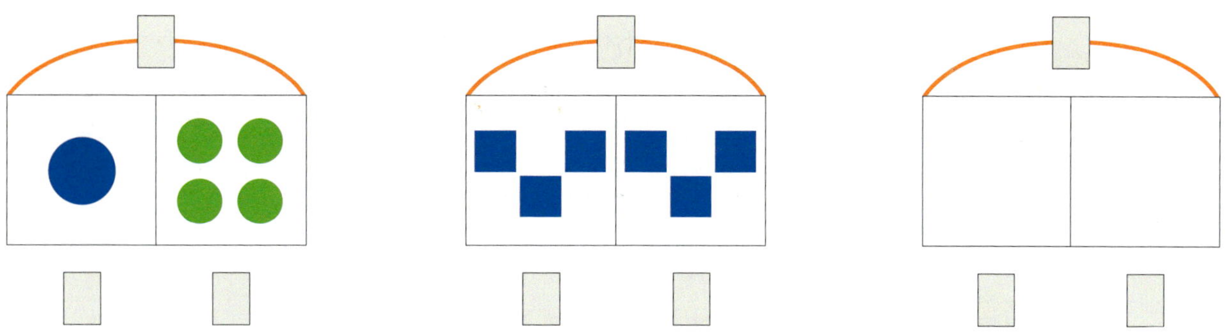

3 a)

b)

4 Klebe Bilder mit 4, 5 und 6 Gegenständen auf!

1 *Zählen; Mengen und Zahlen wechselseitig zuordnen*
2 *Zahlen zerlegen*
3 *mit gleicher Anzahl von Würfeln verschiedene Figuren bauen und passende Zahlzerlegungen zuordnen*

Die Zahlen 7, 8, 9

1

2

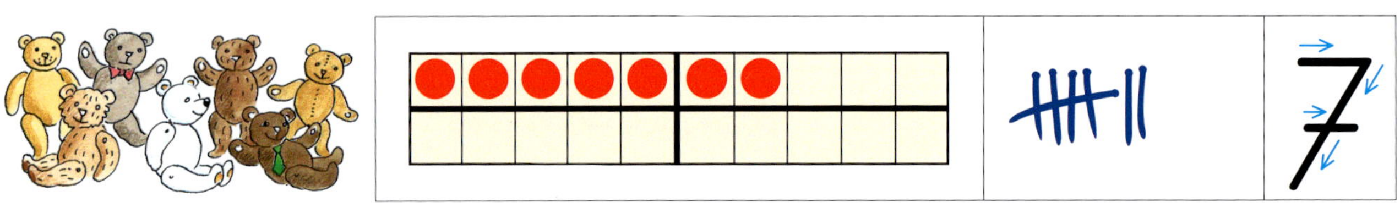

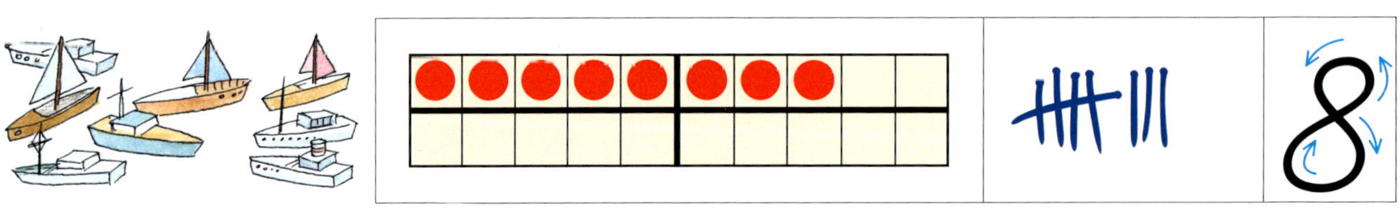

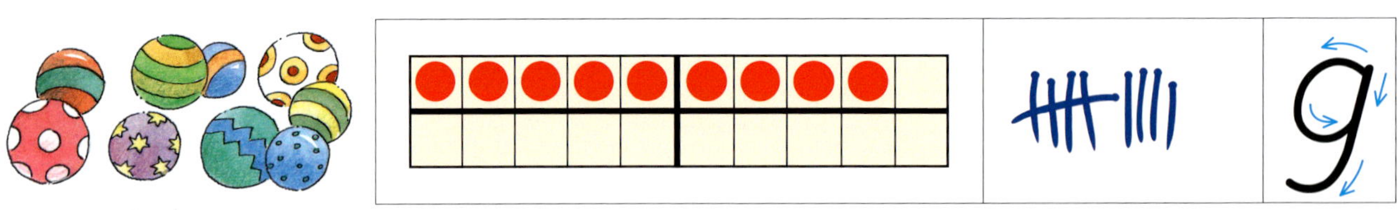

3

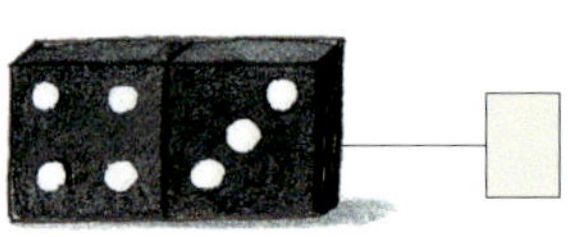

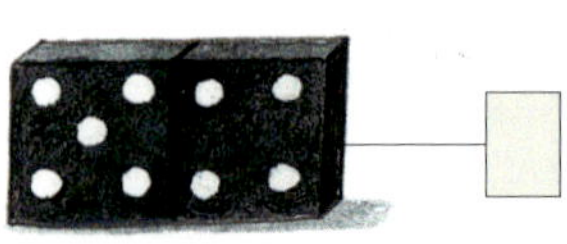

4

1 *Bild beschreiben, Dinge zählen*
2 *Zahlen 7, 8, 9 auf dem Zwanzigerfeld, mit Strichlisten und Ziffern darstellen; Ziffernschreibweisen erklären*
3 *den Dominosteinen Zahlen zuordnen*
4 *fehlende Zahlen nennen und Perlenmuster beschreiben*

→ **AH** S.8 → **ÜH** S.6

1

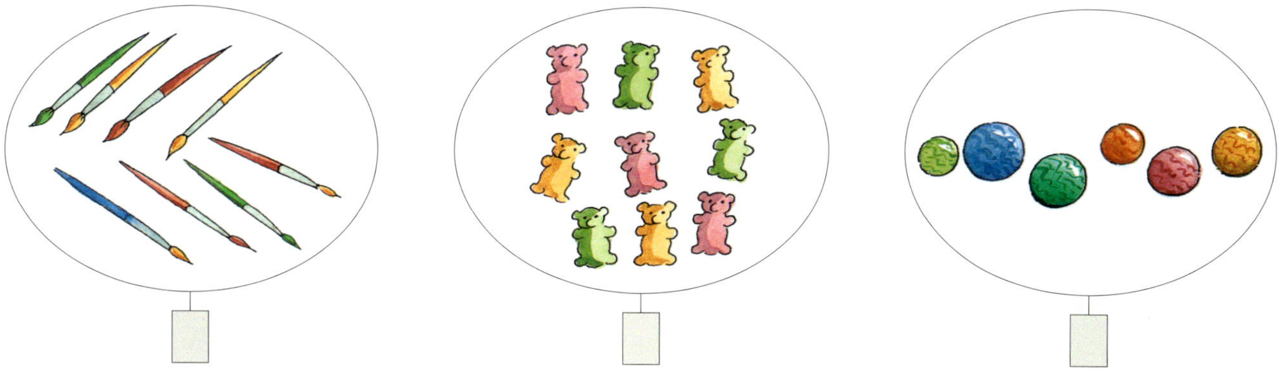

2

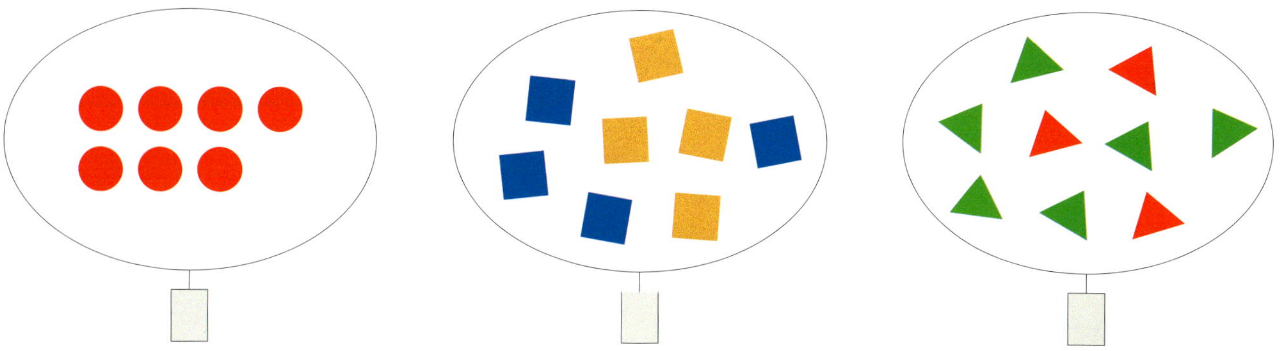

3

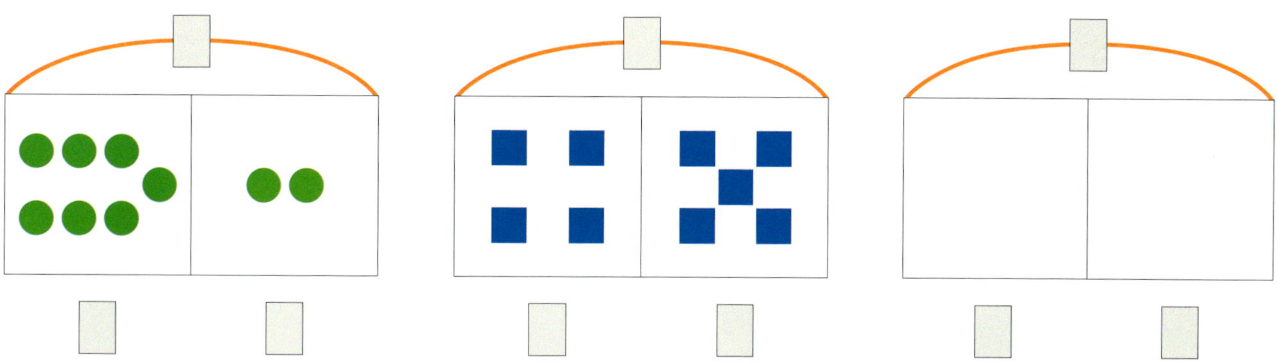

4 a)

b)

5 Male auf ein großes Blatt viele Bälle!
Dann kreise ein: 7, 8 und 9 Bälle!

1/2 Mengen und Zahlen wechselseitig zuordnen
3 Zahlen zerlegen
4 mit gleicher Anzahl von Würfeln verschiedene Figuren bauen und passende Zahlzerlegungen zuordnen

→ **AH** S.8 → **ÜH** S.6

Die Zahl 10

1

2

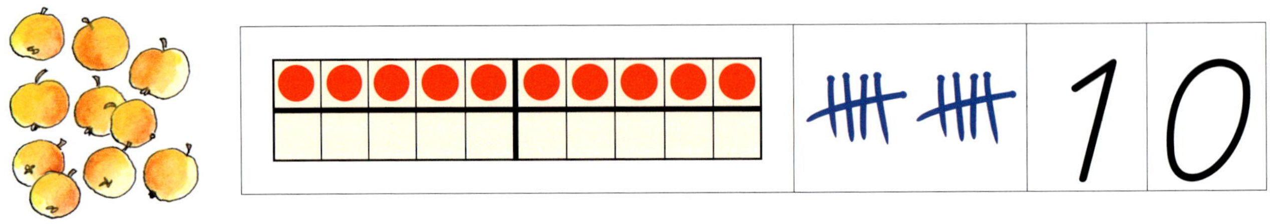

3

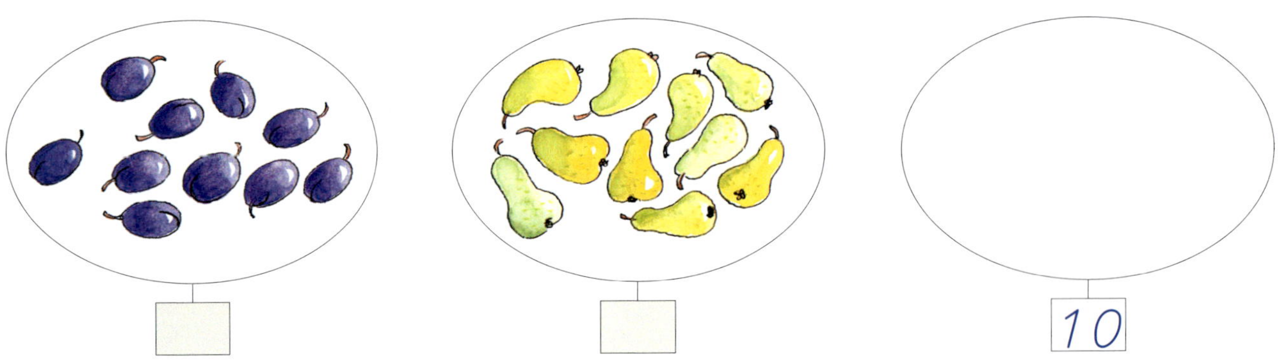

4

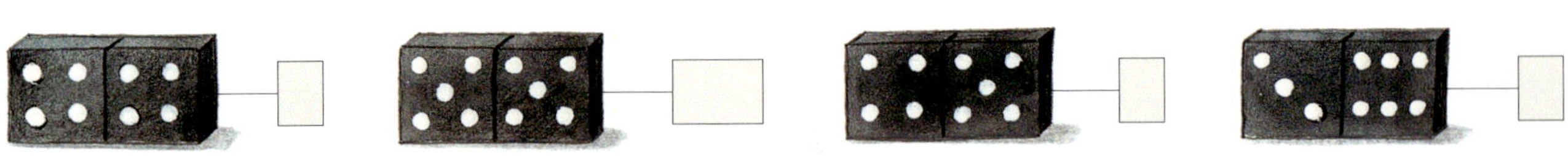

5

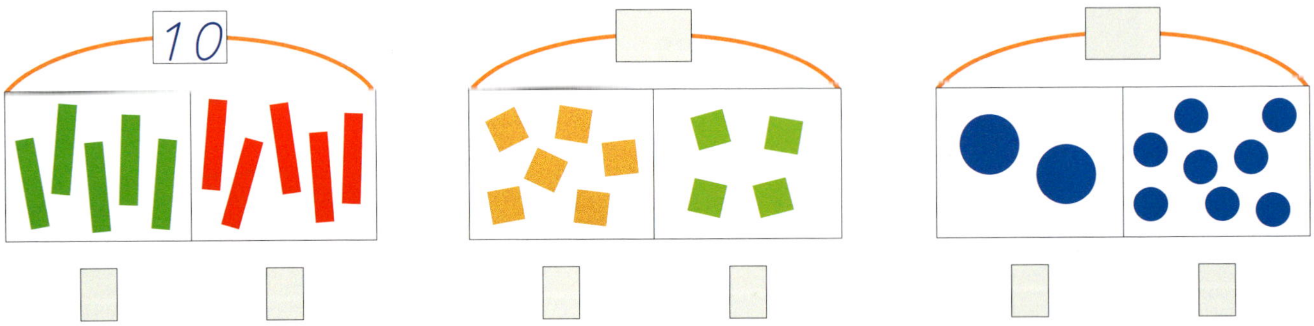

1 *Bild beschreiben, Dinge zählen*
2 *Zahl 10 auf dem Zwanzigerfeld, mit Strichliste und Ziffern darstellen*
3 *Mengen und Zahlen wechselseitig zuordnen*
4 *den Dominosteinen Zahlen zuordnen*
5 *Zahlzerlegungen zuordnen*

→ **AH** S. 9 → **ÜH** S. 7

Schätzen, Zählen, Bündeln

1 a) Schätze zuerst, dann zähle und vergleiche!

b) Klebe Bilder zum Schätzen auf!

2

3

4 Kreise ein!

a) Immer 3

b) Immer 7

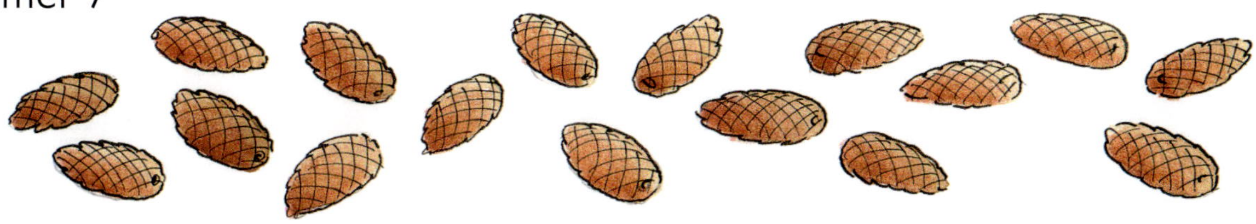

1/2 *Anzahlen zuerst schätzen, dann zählen und vergleichen; Mengen auf mitgebrachten Schätzbildern und in Gläsern schätzen und zählen*

3 *10 kleine Dosen mit 1 bis 10 Körnern füllen und nur durch Schütteln und Hören nach der Anzahl der Körner ordnen*

→ **AH** S.10 → **ÜH** S.8

Üben von Station zu Station: Zahlen fühlen, legen …

Station 1 Zahlen fühlen

Station 2 Zahlen formen

Station 3 Anzahlen legen

Station 4 Zahlen nachlaufen

Station 5 Anzahlen ertasten

Station 6 Anzahlen hören

||:

Ideen der Kinder zum Thema „Zahlen fühlen, legen …" sammeln und verschiedene Übungsstationen aufbauen

Aufgaben der Übungsstationen von den Kindern selbst auswählen und lösen oder die Übungsstationen nacheinander bearbeiten lassen

→ ÜH S.9

Zahlen und Figuren

1 Immer 4

2 a) Immer 5

b) Immer 6

c) Immer 7

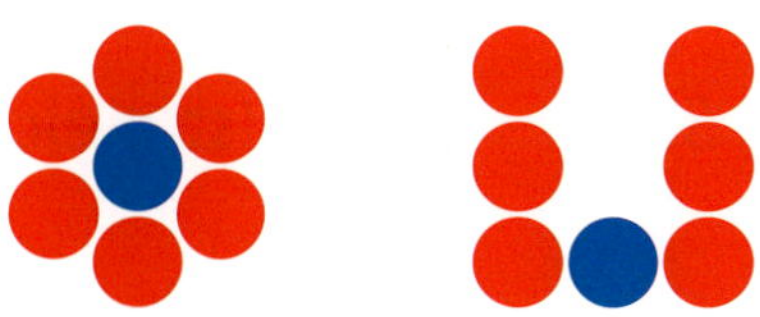

d) Immer 8

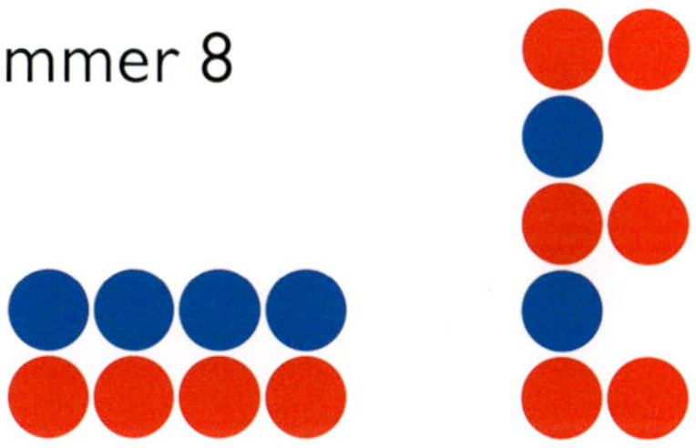

3 Baue mit Würfeln!

a) Immer 9

b) Immer 10

1–3 *zu jeder Zahl viele verschiedene Figurenmuster legen, malen oder bauen und passende Zahlzerlegungen zuordnen*

→ ÜH S.9

Vergleichen der Zahlen von 1 bis 10

1

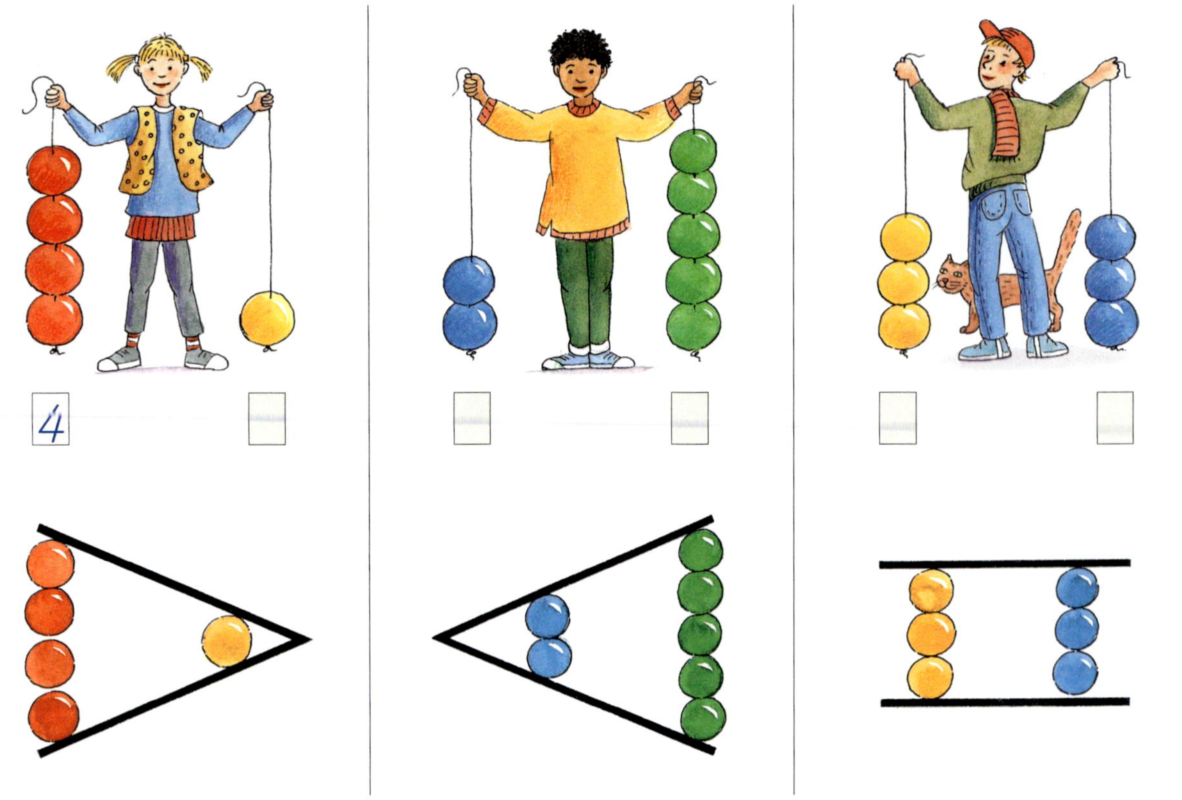

4 > 1	2 < 5	3 = 3
4 ist größer als 1.	2 ist kleiner als 5.	3 ist gleich 3.

2 Vergleiche!

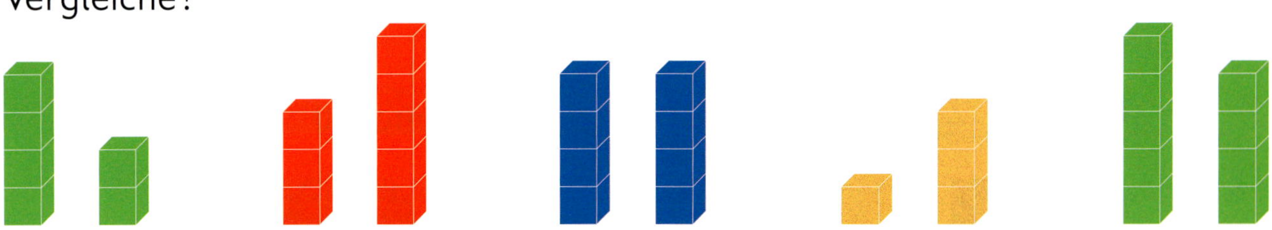

4 > 2   ☐ ◯ ☐   ☐ ◯ ☐   ☐ ◯ ☐   ☐ ◯ ☐

3 Lege und vergleiche!

a)

9 ◯ 3	2 ◯ 8	3 ◯ 3
5 ◯ 5	10 ◯ 1	6 ◯ 4
1 ◯ 7	9 ◯ 9	4 ◯ 6

b)

☐ > ☐	☐ < ☐
☐ = ☐	☐ < ☐
☐ < ☐	☐ > ☐

1 Mengen bzgl. der Anzahlen vergleichen und dabei „mehr als“, „weniger als“, „gleich viele“ verwenden; Zahlen unter Verwendung von >, <, = vergleichen

3 b) selbst passende Zahlen wählen und einsetzen

→ AH S.11 → ÜH S.10

Ordnen der Zahlen von 1 bis 10

1 Ordne und ergänze!

2 Ordne!

a) 

b) 

3

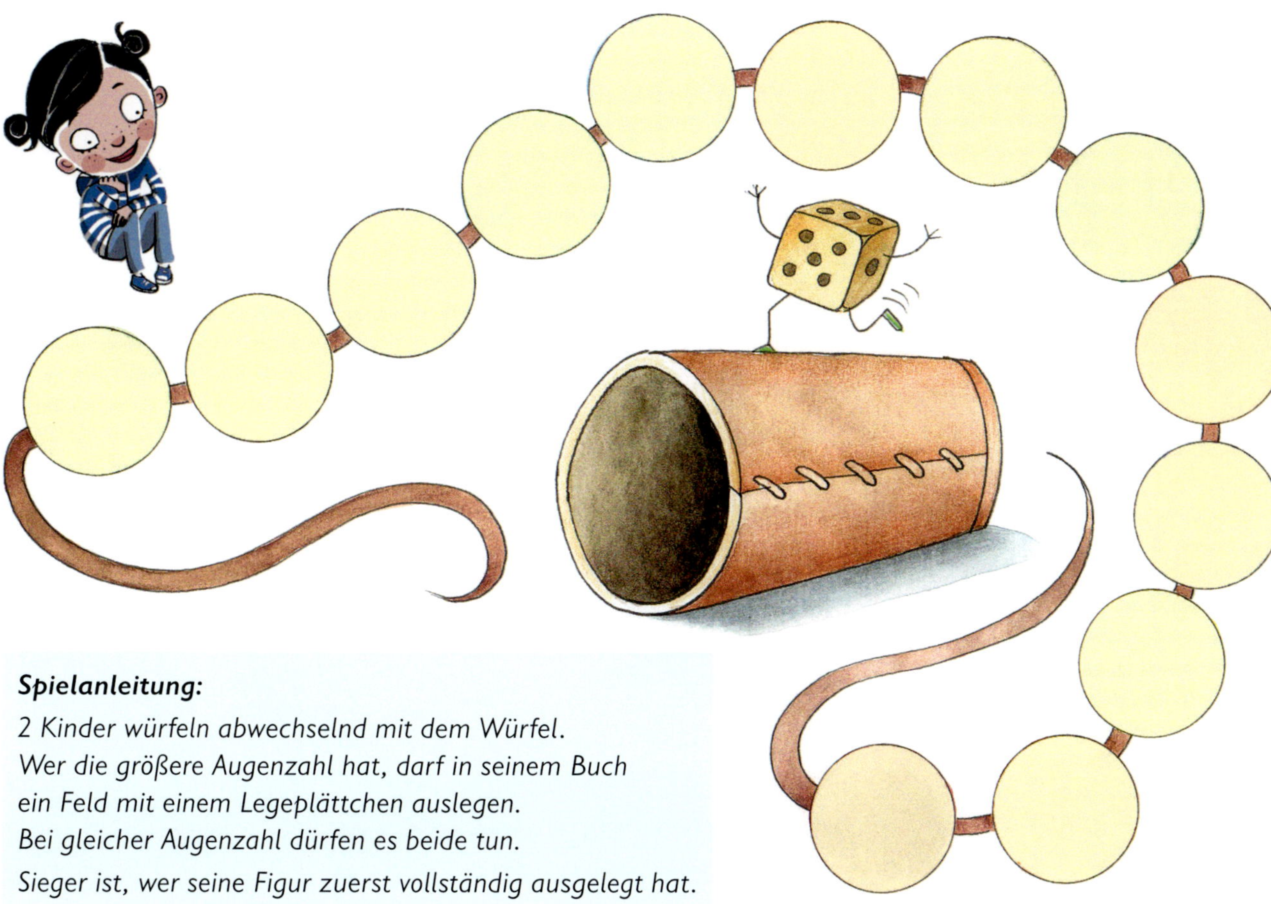

Spielanleitung:

2 Kinder würfeln abwechselnd mit dem Würfel.
Wer die größere Augenzahl hat, darf in seinem Buch ein Feld mit einem Legeplättchen auslegen.
Bei gleicher Augenzahl dürfen es beide tun.
Sieger ist, wer seine Figur zuerst vollständig ausgelegt hat.

1/2 *Zahlen der Größe nach ordnen (von klein nach groß und von groß nach klein)*

3 *als Partnerspiel mit Hilfe der Spielfelder in zwei verschiedenen Büchern mehrfach durchführen*

→ **AH** S.11 → **ÜH** S.10

Nachbarzahlen

1

2

☐ – 3 – ☐   ☐ – 8 – ☐   ☐ – 2 – ☐   ☐ – 5 – ☐

3 – ☐ – 5   6 – ☐ – 8   5 – ☐ – 7   7 – ☐ – 9

3

7 – ☐ – ☐ – 10   3 – ☐ – ☐ – 6   4 – ☐ – ☐ – ☐ – 8

8 – ☐ – ☐ – 5   7 – ☐ – ☐ – ☐ – ☐ – ☐ – 1

4

a) ☐ ☐ ☐ ☐ ☐   b) ☐ ☐ ☐ ☐ ☐

c) ☐ ☐ ☐ ☐ ☐   d) ☐ ☐ ☐ ☐ ☐

e) ☐ ☐ ☐ ☐ ☐   f) ☐ ☐ ☐ ☐ ☐

1 *Bild beschreiben, Nachbarzahlen von 6 nennen*
2/3 *Nachbarzahlen einer Zahl sowie von Zahlen, die zwischen zwei gegebenen Zahlen liegen, bestimmen*
4 *immer 5 Zahlenkarten ziehen und der Größe nach ordnen, dabei selbst entscheiden, ob von klein nach groß oder umgekehrt*

→ **AH** S.12 → **ÜH** S.11

1

3	**4**	5
Vorgänger von 4	Zahl	Nachfolger von 4

2

Vorgänger	Zahl	Nachfolger
2	3	4
	6	
	5	
	7	

V	Z	N
	2	
3		5
7		
		10

V	Z	N
		6
5		
		9
6		

3

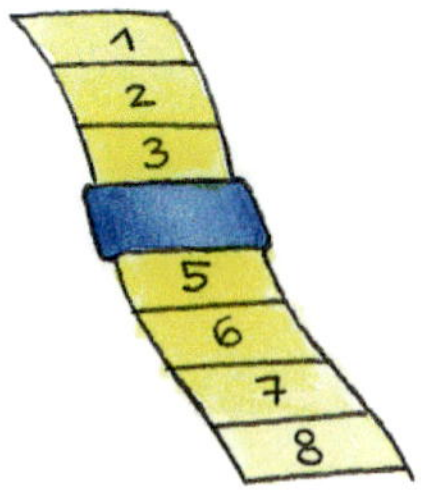

Vorgänger	3		1			2				
Zahl	4	6			7		5			
Nachfolger	5			9				10		

4

1 *Bild beschreiben, Vorgänger und Nachfolger von 4 nennen*

2/3 *den Vorgänger und den Nachfolger einer Zahl bestimmen; auch selbst eigene Zahlen (z. B. 15) wählen*

4 *als Gruppenspiel mit Nummernschildern spielen*

→ **AH** S. 12 → **ÜH** S. 11

Mini-Projekt: Lieblingszahlen

1

2

3

Tim

Anne

Svenja

4 Gestalte ein Blatt zu deiner Lieblingszahl!

1 *Lieblingszahlen der Kinder erfragen, dazu eine Strichliste anfertigen und diese mit der Buchstrichliste vergleichen*

2 *Muster der Würfelbauwerke beschreiben, dabei auch zugehörige Zahlzerlegungen angeben*

3 *Darstellungen der Kinder beschreiben*

Zahlen und Formen in der Umwelt

1

2 Gestalte ein Blatt mit Zahlen aus deiner Umwelt!

1 *über Zahlen und Formen aus der Umwelt erzählen, über Bedeutungen der Zahlen sprechen, fehlende Zahlen in den Abbildungen ergänzen, Bilder unter Verwendung von „links“, „rechts“, „vorn“, „oben“, „unten“ beschreiben*

Die Zahl 0

1 Wo entdeckst du die Zahl 0?

$6 - 6 = \square$

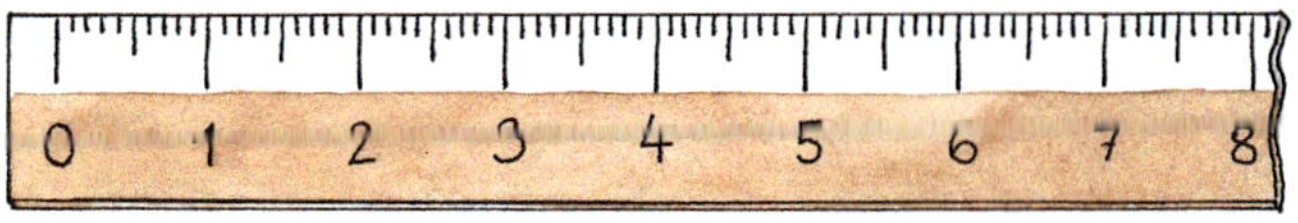

2 Erzähle!

3	☐	☐	☐

3 a) Erzähle!

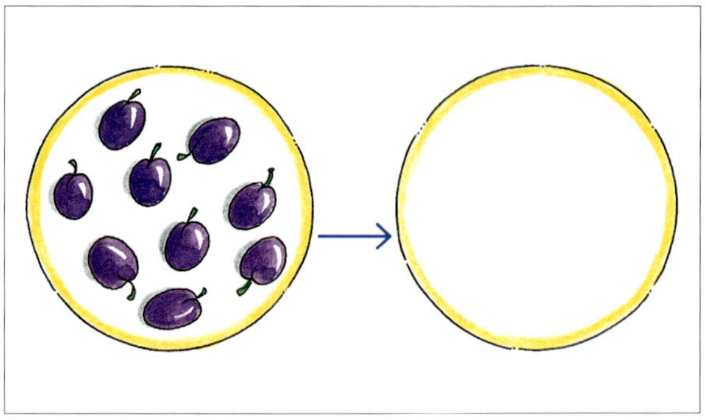

b) Male ein Bild für eine Rechengeschichte zur Zahl 0!

4 <, > oder =?

6 ◯ 0	3 ◯ 9	7 ◯ 0	10 ◯ 0	9 ◯ 9	2 ◯ 5
0 ◯ 8	0 ◯ 5	6 ◯ 6	4 ◯ 7	3 ◯ 0	8 ◯ 0

1 über verschiedene Bedeutungen der Zahl 0 im Alltag sprechen
2 zur Bildfolge Rechengeschichten erzählen
3 zu beiden Bildfolgen Rechengeschichten erzählen

→ AH S.13

Der Zahlenstrich

1 Zähle mit den Augen von 0 bis 10!

2 Ergänze! Zeige den ungefähren Platz jeder Zahl auf dem Zahlenstrich!

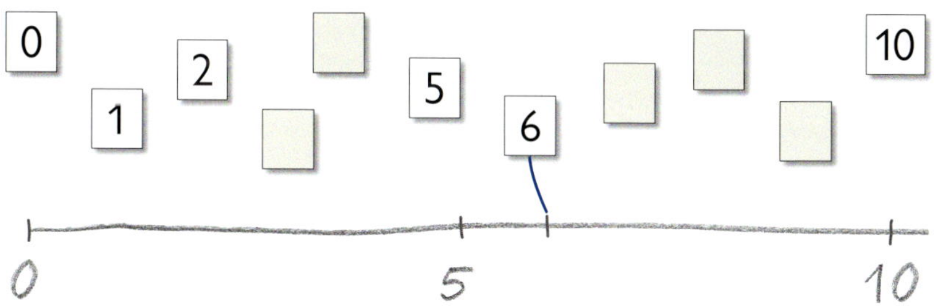

3 Welche Zahlen hat Anna gezeichnet?

a)
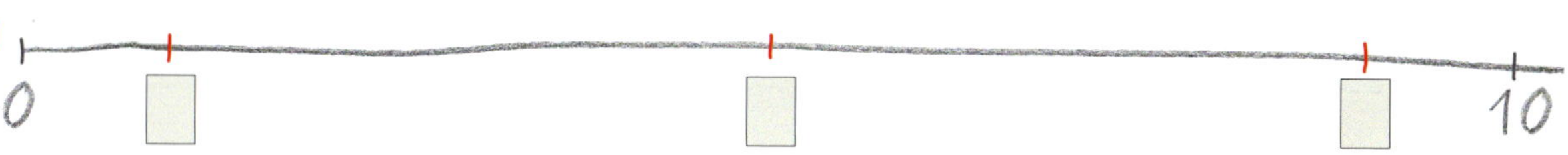

b)

c)
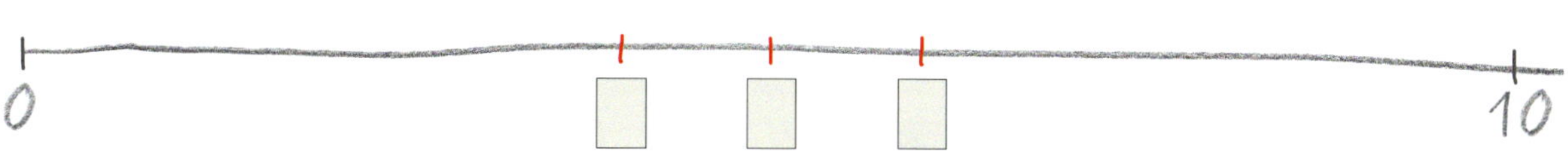

4 Welche Zahlen hat Malte eingezeichnet?

a)

b)
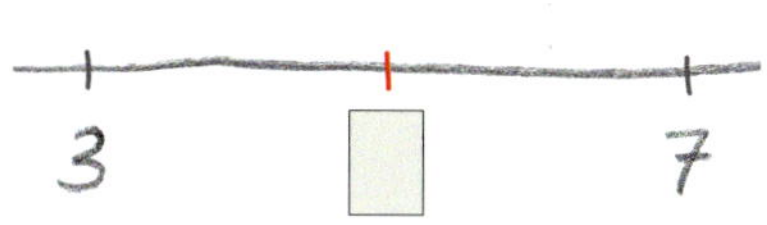

5 Male Zahlenstriche mit:

a) 0, 3, 5 b) 0, 4, 7, 8

c) 1, 3, 4, 6 d) 0, 1, 10

e) 4, 7, 8, 9 f) 2, 4, 6, 10

1 mit den Augen die Zahlenkarten „zählen“
2 fehlende Zahlen ergänzen und ihnen einen ungefähren Platz auf dem Zahlenstrich zuordnen

3–5 Zahldarstellungen auf den Zahlenstrichen erkennen und selbst Zahlenstriche frei Hand zeichnen

→ **AH** S.13 → **ÜH** S.12

Das Zwanzigerfeld

1

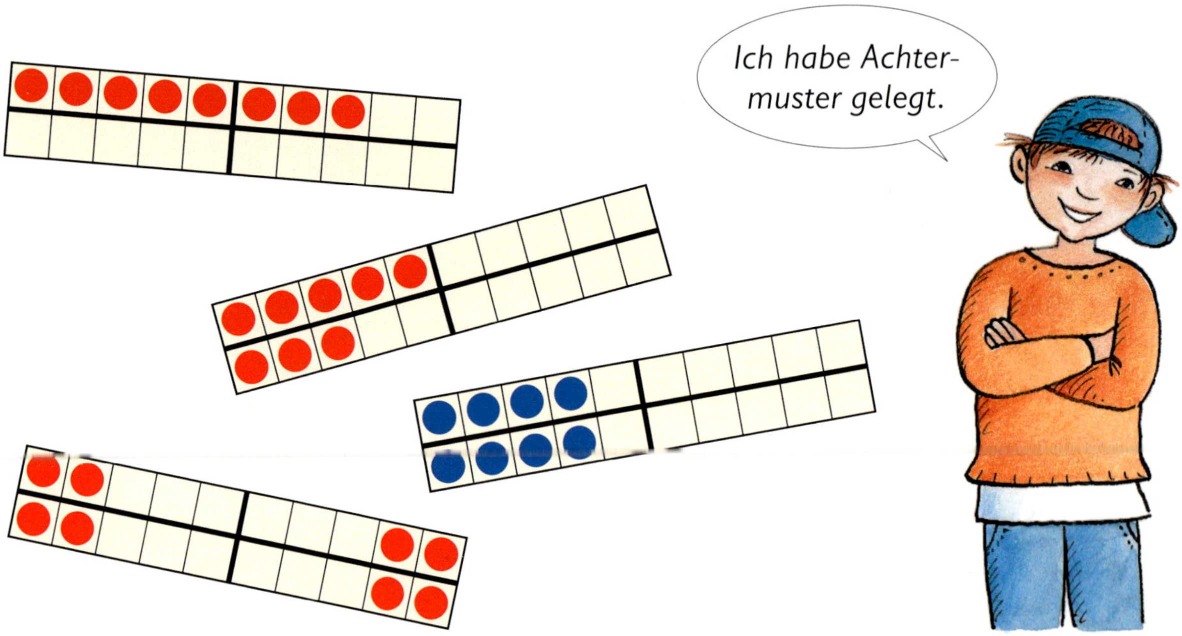

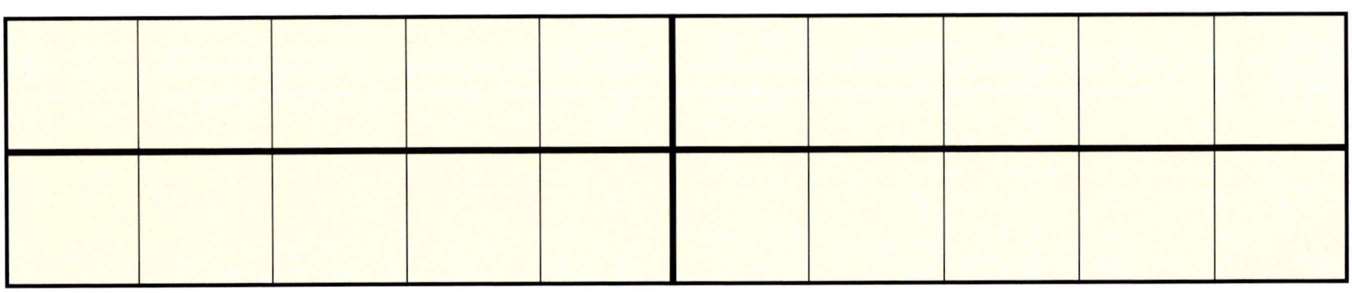

Lege Muster mit 8 (4, 5, 6, …) Plättchen!

2 a)

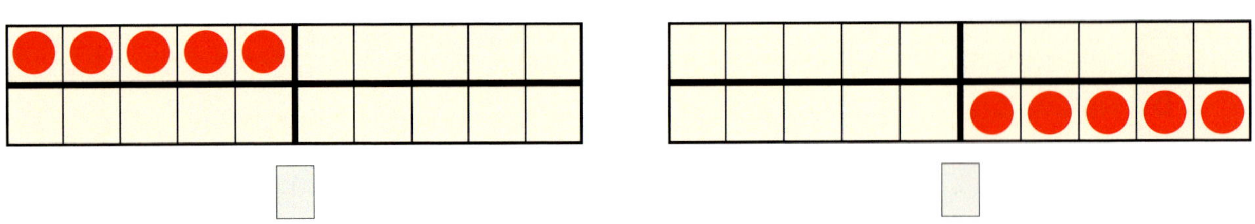

b)

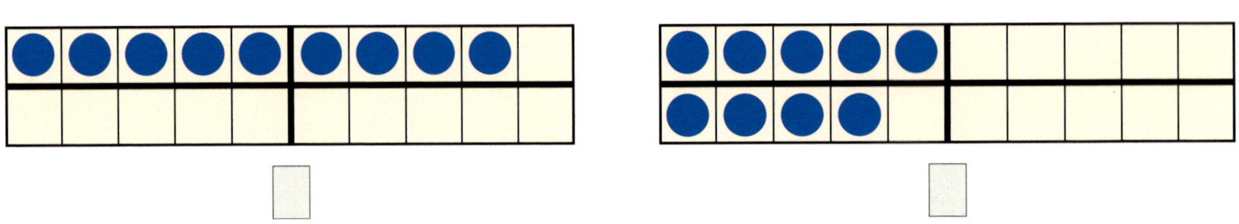

c)

III:

1 *Muster nach selbst gewählten Anzahlen von Plättchen legen, verschiedene Möglichkeiten finden*

2 *Anzahlen bestimmen (möglichst simultan erfassen), Strukturen und Zahlbeziehungen erkennen und beschreiben*

→ **AH** S.14

1 Immer 10

a)

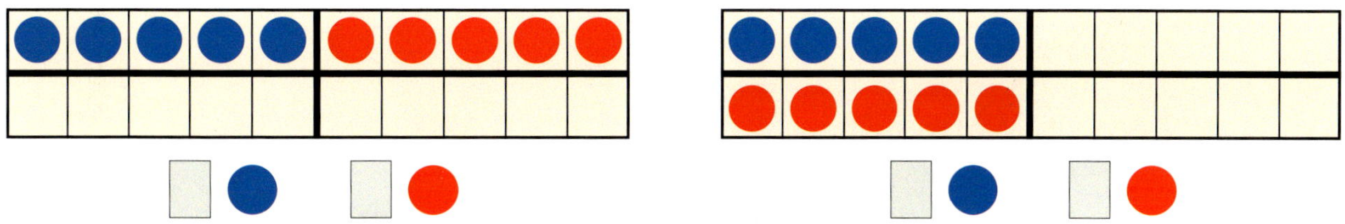

b)

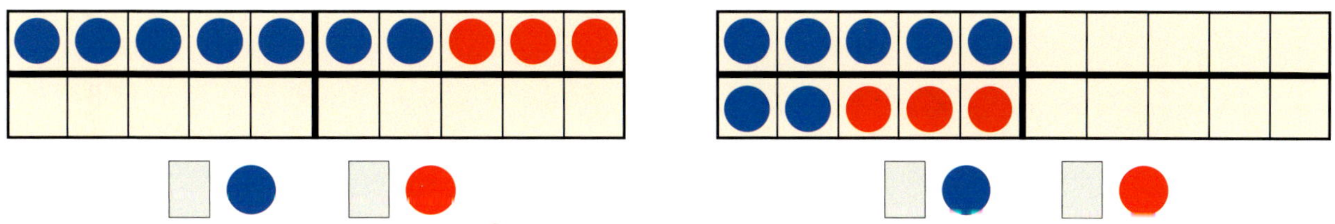

c)

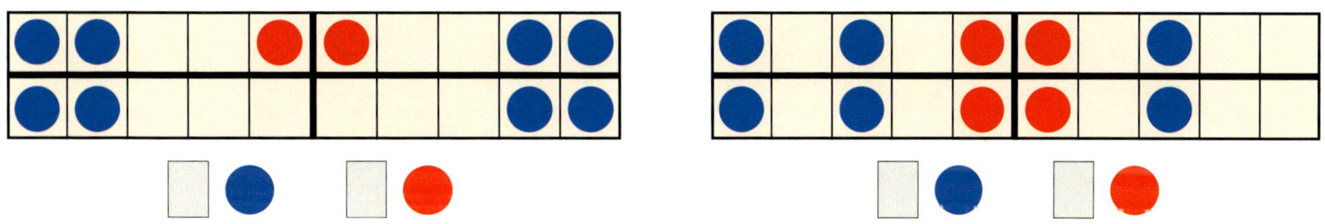

2 Lege! Wie viele sind es zusammen?

a)

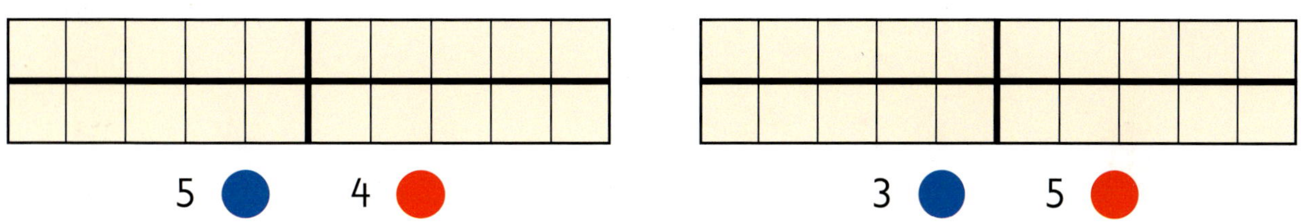

b)

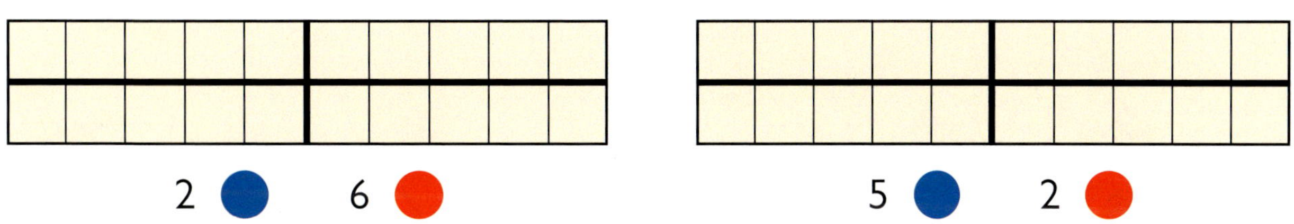

3 Immer

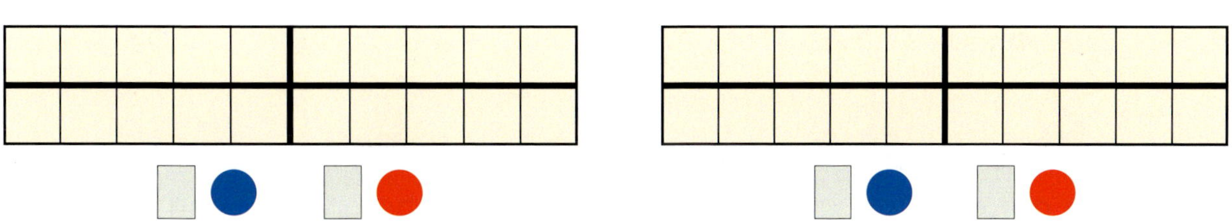

1 *viele Zerlegungen zur Zahl 10 finden, dabei stets simultanes Erfassen der Anzahlen üben*
2 *vorgegebene Anzahlen legen, Gesamtanzahlen bestimmen*
3 *zu einer selbst gewählten Zahl (z. B. 12, 15, 20 …) viele verschiedene Zahlzerlegungen finden*

→ **AH** S.14

Ordnungszahlen

1

1. 2.

2

1.

3

4

5 Schneide aus Zeitungen Texte oder Tabellen mit Ordnungszahlen aus, klebe sie auf ein Blatt und sprich mit anderen über die Zahlen!

1–4 *Bilder mit eigenen Worten beschreiben, Ordnungszahlen ergänzen, besondere Schreib- und Sprechweise der Ordnungszahlen kennen lernen*

Würfelspiele

1 a) Beginnt bei START.
Jeder darf dreimal würfeln.
Wer am weitesten kommt,
hat gewonnen.

b) Beginnt auf der 18 und
würfelt abwechselnd.
Wer die meisten Würfe
bis zum START benötigt,
hat gewonnen.

c) Spielt nach eigenen Spielregeln.

2

3

4 > ☐	4 < ☐	4 < ☐	☐ < 4
4 > ☐	4 < ☐	4 < ☐	☐ > 4
4 > ☐	4 < ☐	4 < ☐	☐ = 4

4 Lucies Würfeltrick

Woher weiß Lucie immer, welche Zahl unten ist?

1 als Partner- oder Gruppenspiel mehrmals spielen
2 ein Kind würfelt und bestimmt eine Spielaktivität für den Partner gemäß der gewürfelten Augenzahl
3 viele Zahlen ermitteln, die kleiner bzw. größer als die gewürfelte Augenzahl sind (auch 2 Würfel verwenden)
4 Lucies Würfeltrick erkunden und erklären

→ ÜH S.13

Geldbeträge bis 10 Cent und bis 10 Euro

1

2

3

 ☐ €

 ☐ €

4 Male oder klebe Dinge auf, die etwa 1 € kosten!

1 *zum Bild erzählen, über Geld sprechen*
2 *Vorder- und Rückseiten der Münzen beschreiben und zuordnen*
3 *Vorder- und Rückseiten der Scheine erkunden und beschreiben*

→ AH S. 15 → ÜH S. 14

1

☐ ct ☐ ct

	7 ct
	___ ct
	___ ct
	___ ct

2

☐ € ☐ €

	___ €
	___ €
	___ €

3

Immer

4 Legt auf verschiedene Weise!

a) 6 ct | 9 ct | 8 ct

b) 7 € | 10 € | 5 €

1/2 *Geldbeträge nachlegen und zusammenzählen*

3/4 *Geldbeträge auf verschiedene Weise legen*

→ **AH** S.15 → **ÜH** S.14

Üben von Station zu Station

Station 1 Luftballons zuordnen

Station 2 Perlenketten auffädeln

Station 3 Zahlen vergleichen

3 < ☐	7 > ☐
3 < ☐	7 > ☐
3 < ☐	7 > ☐
3 < ☐	7 > ☐
5 < ☐	8 > ☐
5 < ☐	8 > ☐
5 < ☐	8 > ☐
5 < ☐	8 > ☐

Station 4 Zahlentreppe

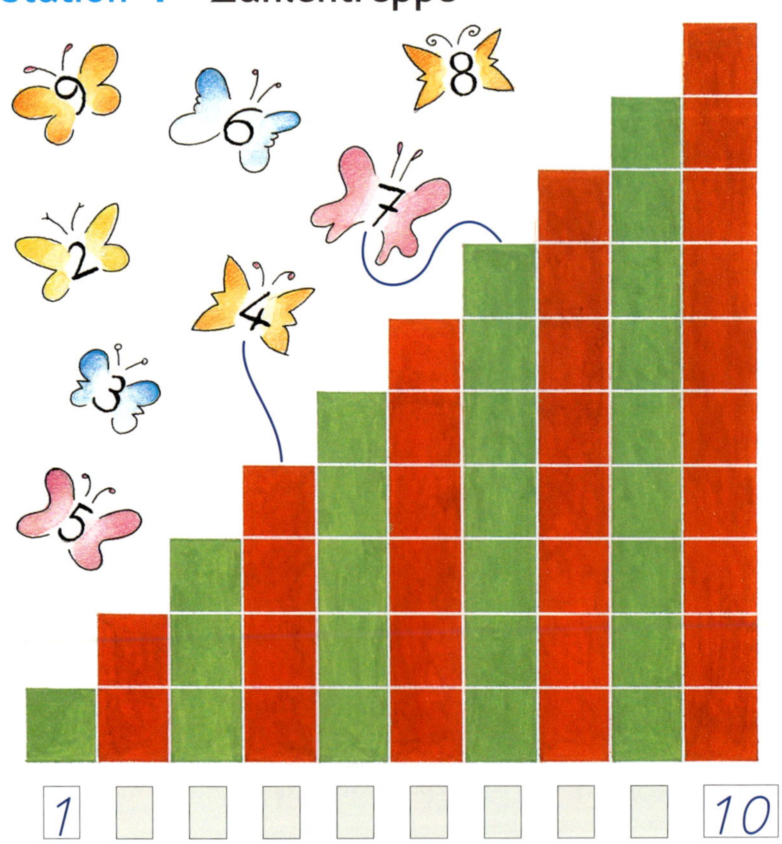

Aufgaben der Übungsstationen von den Kindern selbst auswählen und lösen oder die Übungsstationen nacheinander bearbeiten lassen: **1** *Luftballons zuordnen,* **2** *Muster erkennen und fortsetzen, selbst Perlenketten mit Mustern auffädeln, Perlen gleicher Farbe zählen,* **3** *passende Zahlen ergänzen,* **4** *Zahlen ergänzen, Schmetterlinge zuordnen*

→ AH S.16

Das kann ich schon! Die Zahlen bis 10

Zählen

1 a) Zähle!
- von 2 bis 7
- von 5 bis 10

b) Zähle!
- von 8 bis 4
- von 10 bis 3

c) Zähle!
- 1, 3, 5, …
- 8, 10, 12, …

Zahlen darstellen

2 a)

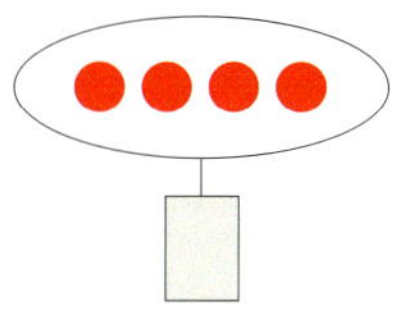

b)

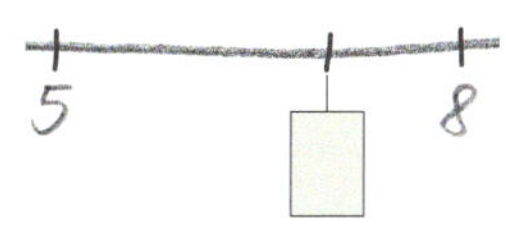

c) Stelle die 9 verschieden dar!

Zahlen zerlegen

3 a)

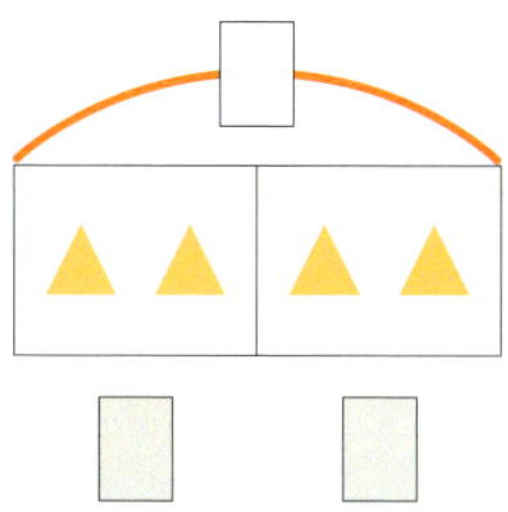

b)

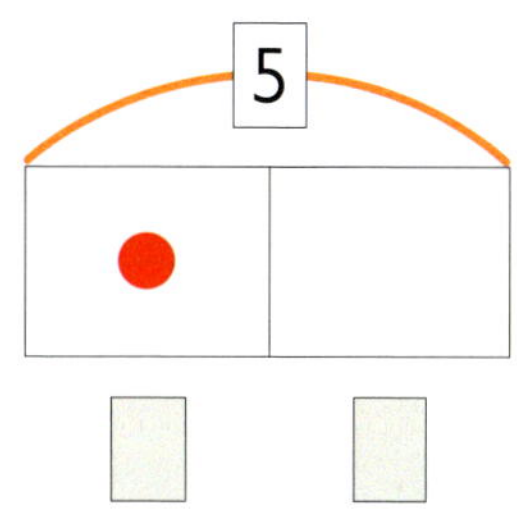

c)

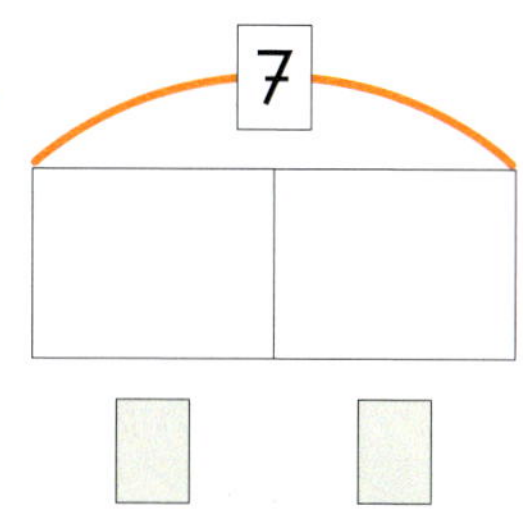

Zahlen vergleichen

4 a) 3 € ◯ 10 €

10 € ◯ 8 €

6 € ◯ 6 €

b) ☐ < 7

5 > ☐

☐ > 8

c) Ergänze und begründe!

9 < ☐

Nachbarzahlen angeben

5 a)

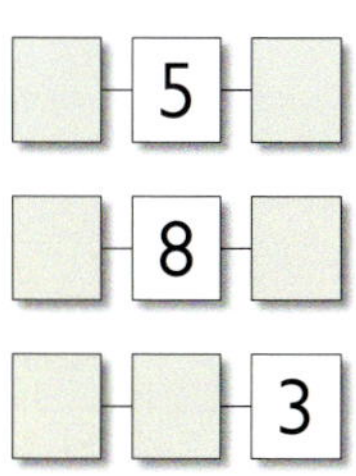

b)

V	Z	N
	3	
		10
7		

c) Welche Zahl hat keinen Vorgänger? Begründe!

Muster legen und fortsetzen

6 a) Lege nach!

b) Setze fort!

c) Setze auf verschiedene Weise fort! Begründe!

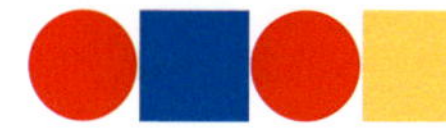

*den erreichten Lernstand gemäß den Anforderungsbereichen der Bildungsstandards erfassen (**a**) entspricht immer dem Anforderungsbereich I – Reproduzieren, **b**) stets dem Anforderungsbereich II – Zusammenhänge erkennen, **c**) dem Anforderungsbereich III – Verallgemeinern, Begründen)*

→ **AH** S.17

Addieren und Subtrahieren bis 10

Was kann ich schon?

1

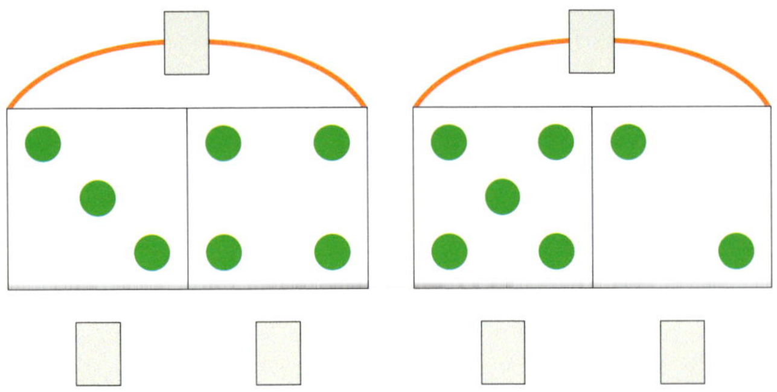

2

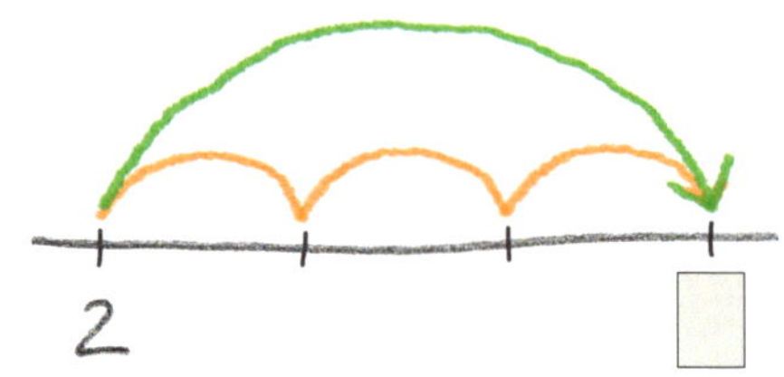

2 + 3 = □

5

7

□ + □ = □

□ − □ = □

□ + □ = □

□ − □ = □

□ + □ = □

□ − □ = □

□ + □ = □

□ − □ = □

8

Immer □ Cent

erstes ganzheitliches Kennenlernen wichtiger Lernthemen und der Nutzung verschiedener Anschauungsmittel zum Addieren und Subtrahieren bis 10,

Ausgangsniveau bzgl. der Lernthemen feststellen

3

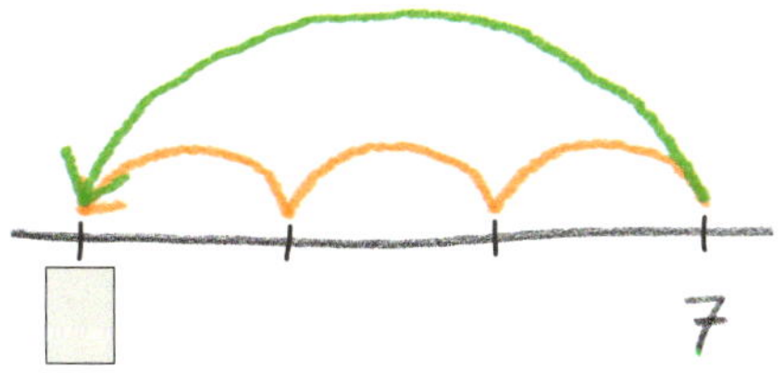

7 – 3 = ☐

4

1 + 1 = ☐	10 – 1 = ☐
2 + 2 = ☐	10 – 2 = ☐
3 + 3 = ☐	10 – 3 = ☐
☐ + ☐ = ☐	☐ – ☐ = ☐
☐ + ☐ = ☐	☐ – ☐ = ☐

6 Lege auf dem Zwanzigerfeld und rechne!

9 Nimm von 7 Fingern schnell 2 weg!

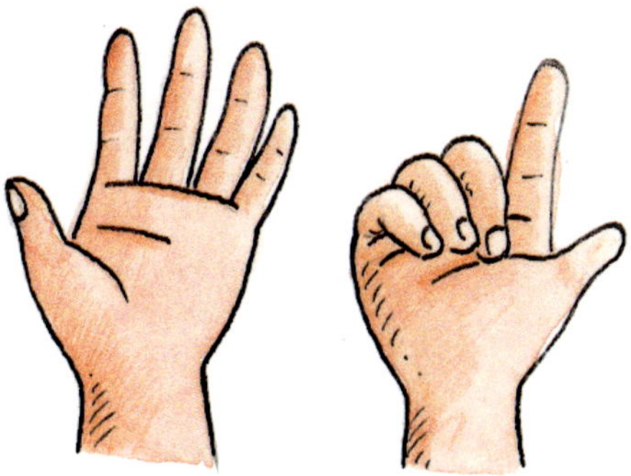

10 Erzähle Rechengeschichten!

11 Gestalte ein Blatt mit Aufgaben, die du schon rechnen kannst!

Mathekonferenz: Addieren bis 10

1

4 + 3 = 7

4 plus 3 ist gleich 7.

Male ein Bild zur Aufgabe 4 + 3!

2 Erzählt, ordnet Plus-Aufgaben zu und rechnet!

3 + 2 = ☐

☐ + ☐ = ☐

☐ + ☐ = ☐

3

a) Die Kinder aus Leas Gruppe rechneten so:

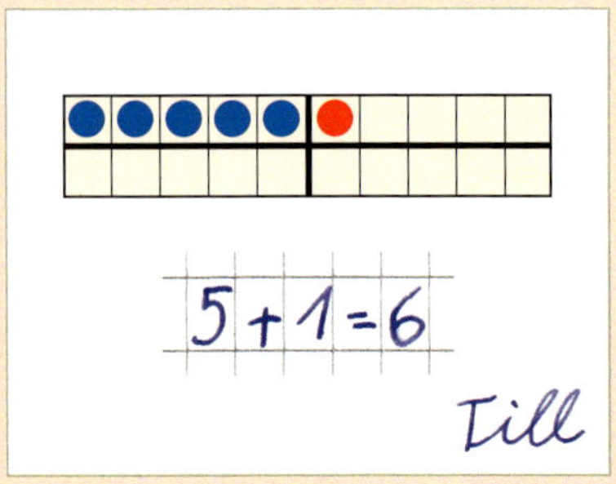

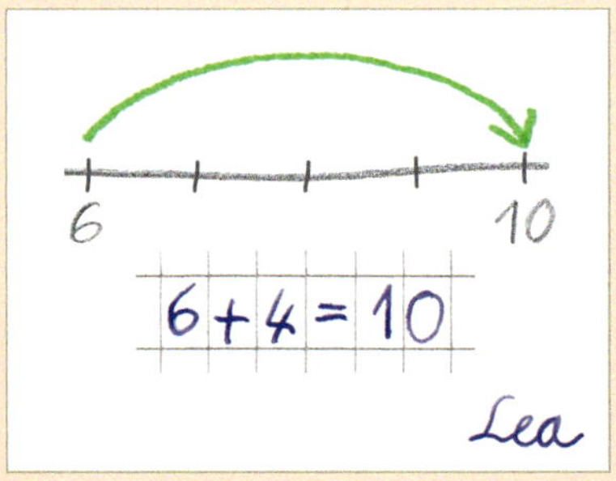

b) Gestaltet ein Blatt zur Aufgabe 5 + 4!

4 Rechne! Erfinde Rechengeschichten!

a) 2 + 6 = ☐
4 + 5 = ☐

b) 2 + 7 = ☐
1 + 8 = ☐

c) 3 + 7 = ☐
9 + 1 = ☐

1 *Vorkenntnisse der Kinder bzgl. der Addition erfassen; in der Bildsituation die Additionsaufgabe „4 + 3" erkennen, Pluszeichen einführen und verwenden*

3 *verschiedene Darstellungsweisen und Lösungsstrategien für das Addieren anwenden, beschreiben und vergleichen*

→ **AH** S.18 → **ÜH** S.15

Probiere und übe verschiedene Rechenwege!

1 Legen und rechnen

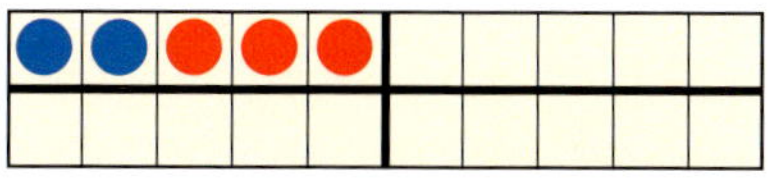

2 + 3 = ___

a)

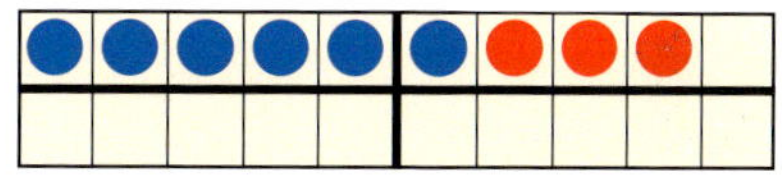

___ + ___ = ___

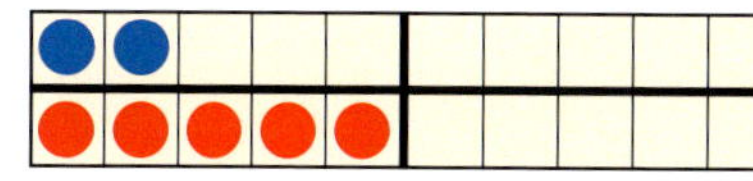

___ + ___ = ___

b) 3 + 2 = ___ 9 + 1 = ___ 7 + 2 = ___

5 + 3 = ___ 2 + 6 = ___ 3 + 4 = ___

2 Auf dem Zahlenstrich rechnen

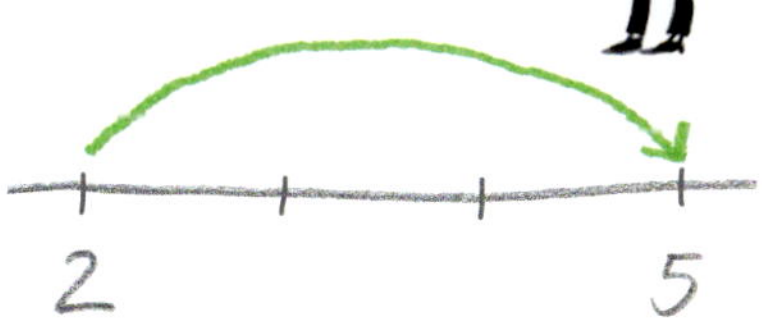

2 + 3 = ___

a)

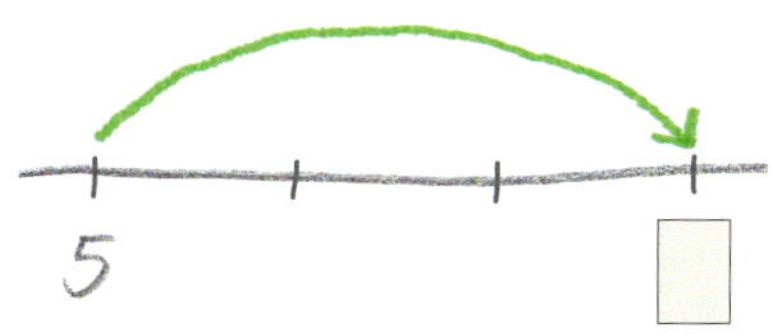

5 + 3 = ___

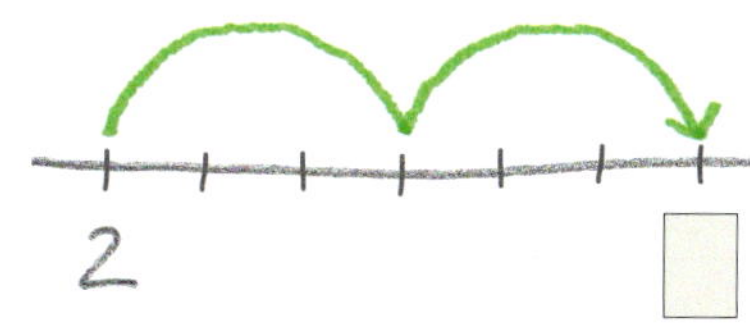

2 + 6 = ___

b) 4 + 5 = ___ 1 + 6 = ___ 4 + 3 = ___

3 + 7 = ___ 3 + 6 = ___ 2 + 5 = ___

3 Mit Pfiff rechnen

4 + 2 = 6
4 + 3 = 7
4 + 4 = 8

a) Rechne!

5 + 5 = ___ 4 + 5 = ___

4 + 5 = ___ 5 + 4 = ___

3 + 5 = ___ 6 + 3 = ___

b) Warum ist das so?

4 Rechne mit deinem Rechenweg!

a) 5 + 2 = ___
6 + 3 = ___
1 + 4 = ___

b) 7 + 3 = ___
4 + 6 = ___
8 + 2 = ___

c) 3 + 1 = ___
2 + 7 = ___
4 + 3 = ___

d) ___ + ___ = ___
___ + ___ = ___
___ + ___ = ___

e) Finde viele Plus-Aufgaben mit dem Ergebnis 10!

1–3 verschiedene Rechenwege zum Addieren ausprobieren und üben

4 Aufgaben mit eigenen Rechenwegen lösen

→ AH S.18 → ÜH S.15

Tauschaufgaben

1

2

5 + 3 = ☐ 3 + 5 = ☐

2 + 3 = ☐ ☐ + ☐ = ☐

3

a)

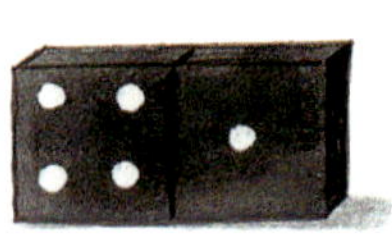

☐ + ☐ = ☐
☐ + ☐ = ☐

b)

☐ + ☐ = ☐
☐ + ☐ = ☐

4 Zerlege und rechne!

a)

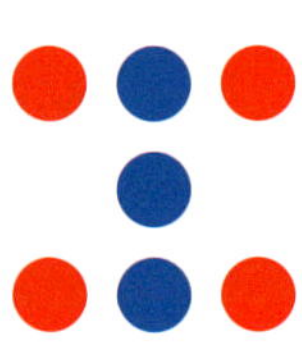

☐ = 4 + 3
☐ = 3 + 4

☐ = ☐ + ☐
☐ = ☐ + ☐

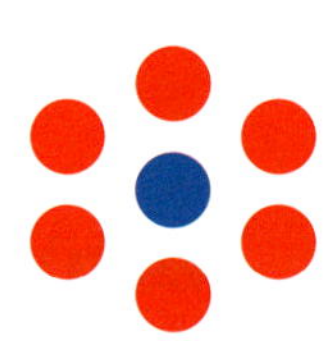

☐ = ☐ + ☐
☐ = ☐ + ☐

☐ = ☐ + ☐
☐ = ☐ + ☐

b) Wirf Plättchen! Lege Muster! Bilde Tauschaufgaben und rechne!

5 Rechne geschickt!

2 + 5 = ☐ 1 + 8 = ☐ 2 + 6 = ☐ 3 + 7 = ☐

☐ + ☐ = ☐ ☐ + ☐ = ☐ ☐ + ☐ = ☐ ☐ + ☐ = ☐

1 zum Bild erzählen, Tauschaufgaben erkennen und lösen
2 Aufgaben und zugehörige Tauschaufgaben erkennen und lösen; über gleiche Ergebnisse sprechen
3 Tauschaufgaben als Rechenvorteil erkennen und nutzen
4 zu den Mustern Tauschaufgaben bilden und rechnen, Plättchenanzahl selbst bestimmen (z. B. auch 12)

→ AH S.19 → ÜH S.16

Rechenmauern

1

2 a)

b)

c)

3 a)

b)

c)

4

5 a)

b)

c)

d) Zeichne eine Rechenmauer, trage Zahlen ein und löse die Aufgaben!

1 Bildungsprinzip der Rechenmauern erkennen, passende Aufgaben finden und Ergebnisse überprüfen
2/3 Zahlen in den Rechenmauern ergänzen
4 Zahlen passend in die Rechenmauer einordnen
5 verschiedene Lösungsmöglichkeiten finden, über Rechenstrategien sprechen

→ AH S.19 → ÜH S.17

Mathekonferenz: Subtrahieren bis 10

1

$$6 - 2 = 4$$

6 minus 2 ist gleich 4.

Male ein Bild zur Aufgabe 6 – 2!

2 Erzählt, ordnet Minus-Aufgaben zu und rechnet!

☐ – ☐ = ☐

☐ – ☐ = ☐

☐☐ – ☐ = ☐

3 a) Die Kinder aus Tills Gruppe rechneten so:

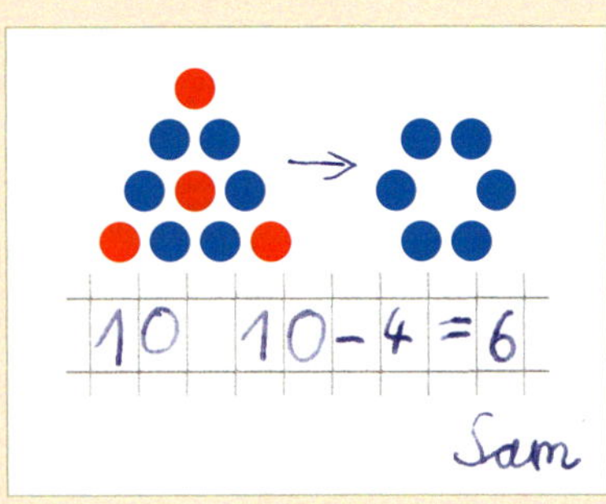

b) Schreibt eine Minus-Aufgabe auf und malt ein passendes Bild dazu!

4 Rechne! Erfinde Rechengeschichten!

a) 7 – 3 = ☐ b) 9 – 3 = ☐ c) 10 – 5 = ☐

8 – 5 = ☐ 6 – 3 = ☐ 10 – 6 = ☐

1 *Vorkenntnisse der Kinder bzgl. der Subtraktion erfassen, in der Bildsituation die Subtraktionsaufgabe „6 – 2“ erkennen, Minuszeichen einführen und verwenden*

3/4 *verschiedene Darstellungsweisen und Lösungsstrategien für das Subtrahieren anwenden, beschreiben und vergleichen*

→ AH S. 20 → ÜH S. 18

Probiere und übe verschiedene Rechenwege!

1 Legen, wegnehmen und rechnen

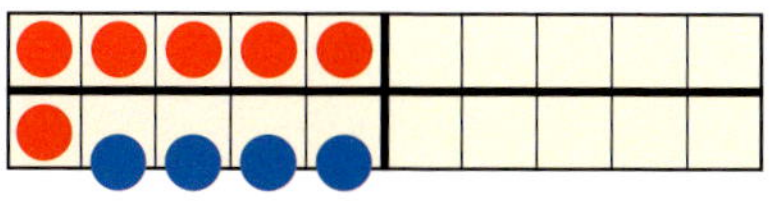

10 – 4 = ☐

a)

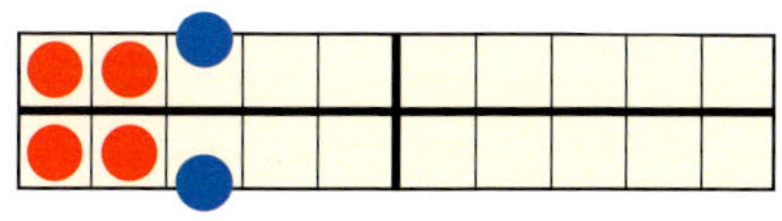

☐ – ☐ = ☐

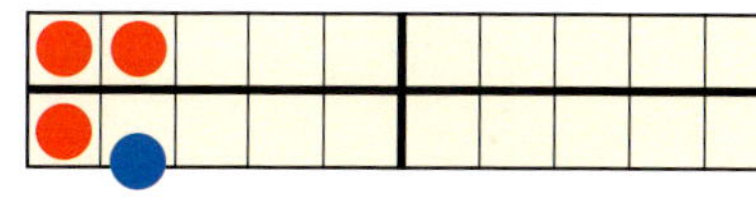

☐ – ☐ = ☐

b) 8 – 2 = ☐ 6 – 4 = ☐ 10 – 7 = ☐

4 – 3 = ☐ 5 – 2 = ☐ 7 – 5 = ☐

2 Auf dem Zahlenstrich rechnen

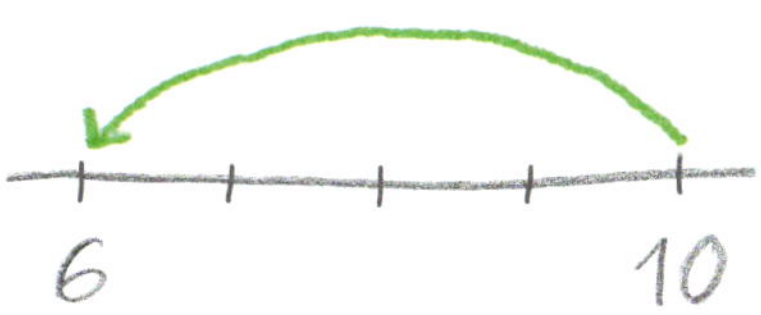

10 – 4 = ☐

a)

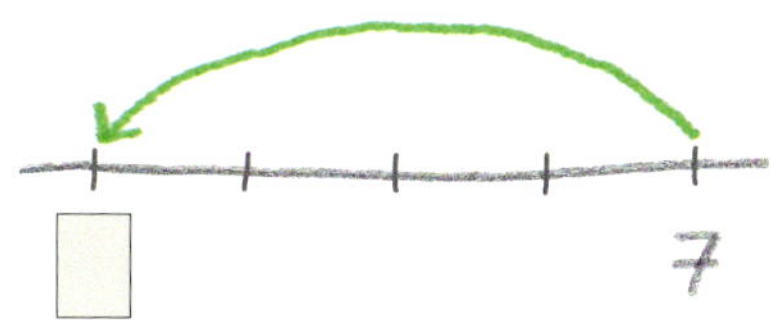

7 – 4 = ☐

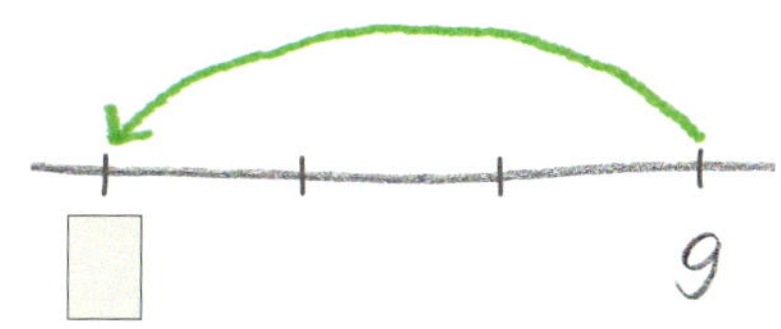

9 – ☐ = ☐

b) 6 – 2 = ☐ 7 – 3 = ☐ 10 – 2 = ☐

9 – 5 = ☐ 6 – 5 = ☐ 5 – 4 = ☐

3 Mit Pfiff rechnen

10 – 4 = 6
10 – 3 = 7
10 – 2 = 8

a) Rechne!

8 – 1 = ☐ 8 – 4 = ☐

8 – 2 = ☐ 9 – 4 = ☐

8 – 3 = ☐ 10 – 4 = ☐

b) Warum ist das so?

4 Rechne mit deinem Rechenweg!

a) 8 – 7 = ☐ b) 3 – 2 = ☐ c) 2 – 1 = ☐

7 – 3 = ☐ 4 – 2 = ☐ 8 – 6 = ☐

9 – 2 = ☐ 9 – 6 = ☐ 6 – 3 = ☐

6 – 5 = ☐ 7 – 5 = ☐ 7 – 2 = ☐

e) Finde viele Minus-Aufgaben mit dem Ergebnis 3!

1–3 *verschiedene Rechenwege zum Subtrahieren ausprobieren und üben*

4 *Aufgaben mit eigenen Rechenwegen lösen*

→ **AH** S.20 → **ÜH** S.18

Umkehraufgaben

1

5 + 3 = ☐	8 − 3 = ☐
Aufgabe	Umkehraufgabe

2

a) 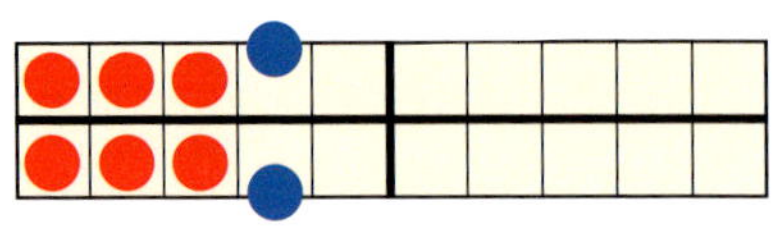

6 + 2 = ☐
8 − 2 = ☐

b) 

5 + 4 = ☐
9 − 4 = ☐

c) 7 + 1 = ☐
☐ − 1 = ☐

d) 3 + 4 = ☐
☐ − 4 = ☐

e) ☐ + ☐ = ☐
☐ − ☐ = ☐

3

a) 

7 − 3 = ☐
4 + 3 = ☐

b) 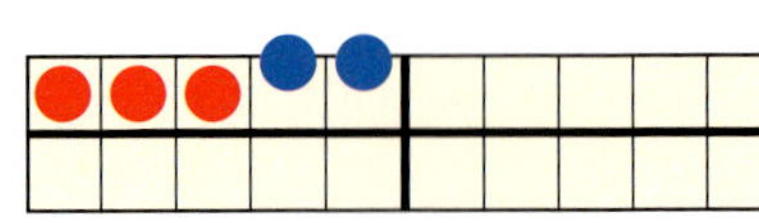

5 − 2 = ☐
3 + 2 = ☐

c) 8 − 6 = ☐
☐ + 6 = ☐

d) 6 − 4 = ☐
☐ + 4 = ☐

e) ☐ − ☐ = ☐
☐ + ☐ = ☐

4 3  sind im 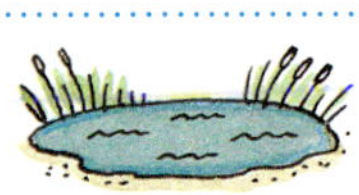. 5  kommen dazu.

8  sind im . 5  fliegen weg.

1 *Bild beschreiben, Umkehrbeziehung erkennen, Aufgaben lösen*

2–4 *Aufgaben und jeweilige Umkehraufgaben erkennen und lösen*

→ AH S.21 → ÜH S.19

Rechentabellen

1

2 a)

+	3	5	1	6
4	4 + 3 7			

b)

−	2	5	1	3
6	6 − 2 4			

3 a)

+	1	2	3	4	5	6
3						

b)

+	5	4	3	2	1	0
5						

c)

−	1	2	3	4	5	6
8						

d)

−	9	8	7	6	5	4
10						

L: 1, 2, 2, 3, 3, 4, 4, 4, 5, 5, 5, 5, 6, 6, 6, 6, 7, 7, 7, 8, 8, 8, 9, 9, 10

4 a)

+	5	3	6	2	4	1
4						
3						

b)

−	4	1	3	5	6	2
9						
7						

L: 1, 2, 3, 3, 4, 4, 4, 4, 5, 5, 5, 5, 6, 6, 6, 6, 7, 7, 7, 8, 8, 8, 9, 9, 10

5 a)

+	4	3	
6			
3			
2			

b)

−	4	5	2
7			
6			

L: 1, 2, 2, 3, 3, 4, 5, 5,
6, 6, 7, 9, 10, …

1 *System der Tabellen erkennen und Tabellen ergänzen*

2–5 *Aufgaben in Tabellenform erkennen und lösen, Rechenmuster beschreiben, selbst fehlende Zahlen (z. B. 15) eintragen und Tabellen ergänzen*

Rechnen mit der Zahl 0

1 Lege und rechne! Achte auf eine nicht lösbare Aufgabe!

a) 5 + 0 = ☐
0 + 7 = ☐
1 + 8 = ☐
0 + 9 = ☐
6 + 0 = ☐

b) 5 − 0 = ☐
6 − 6 = ☐
8 − 0 = ☐
5 − 4 = ☐
7 − 7 = ☐

c) 3 + 6 = ☐
10 − 5 = ☐
8 − 8 = ☐
0 + 4 = ☐
6 − 9 = ☐

d) 5 + 5 = ☐
5 − 5 = ☐
4 + 4 = ☐
4 − 4 = ☐
9 − 0 = ☐

L: 0, 0, 0, 0, 0, 1, 3, 4, 5, 5, 5, 6, 7, 8, 8, 9, 9, 9, 9, 10, n.l.

2 a)

+	0	1	2	3	4	5
5						

b)

−	0	1	2	3	4	5
5						

3 a)

b)

c)

d)

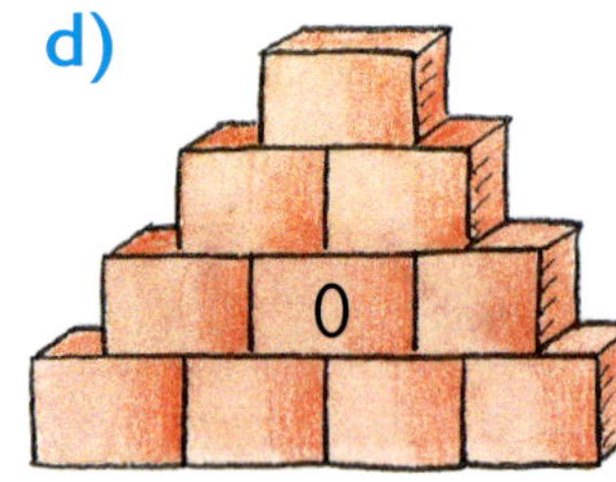

4 Erzähle Rechengeschichten!

5 Erzählt Rechengeschichten und rechnet!

a) 7 − 7 = ☐   b) 4 − 0 = ☐   c) 0 + 5 = ☐   d) 8 + 0 = ☐

1–5 *Besonderheiten beim Rechnen mit 0 erkennen, beschreiben und anwenden*

→ AH S. 22 → ÜH S. 21

Rechengeschichten: Die 4 Jahreszeiten

1 Erzähle Rechengeschichten! Schreibe Aufgaben und rechne!

Frühling

Sommer

Herbst

Winter

2 Lege auf verschiedene Weise!

a) 8 ct b) 5 ct c) 9 ct d) 1 €

zu den Bildern Rechengeschichten unter Berücksichtigung jahreszeitlicher Besonderheiten erzählen, zugehörige Aufgaben rechnen

→ AH S. 23

Gleichungen

1

4 + □ = 6

5 − □ = 2

2 Baue und rechne!

a)	b)	c)	d)
3 + □ = 6	1 + □ = 9	4 − □ = 3	10 − □ = 5
6 + □ = 7	2 + □ = 5	7 − □ = 5	5 − □ = 1
4 + □ = 8	6 + □ = 9	8 − □ = 2	9 − □ = 9
5 + □ = 9	3 + □ = 8	6 − □ = 3	7 − □ = 0

3

a)	b)	c)	d)
4 + □ = 9	2 + □ = 8	□ − 2 = 7	7 − □ = 1
9 − □ = 3	8 − □ = 7	□ + 3 = 10	□ + 4 = 9
6 + □ = 8	0 + □ = 5	□ − 3 = 5	8 − □ = 4

L: 1, 2, 3, 4, 5, 5, 5, 6, 6, 6, 7, 8, 9

4

a)	b)	c)	d)
7 = 3 + 4	9 = 8 + □	10 = 5 + □	8 = 4 + □
9 = □ + □	9 = □ + □	10 = □ + □	8 = □ + □
6 = □ + □	9 = □ + □	10 = □ + □	8 = □ + □

5 Lies, stelle Fragen, rechne und antworte!

a) Lea hat 3 .

Leo hat 5 .

b) Tina hat 7 .

Tino hat 2 .

c) Kim hat 10 .

Tim hat 5 .

||||| :

1 Gleichungen anhand der Beispielaufgaben einführen und sie mit Hilfe der Würfeltürme lösen

2–4 Gleichungen lösen, Lösungszahlen durch Einsetzen und Nachrechnen prüfen

→ AH S.24 → ÜH S.22

Ungleichungen

1

$3 + \square < 6$

□ 0, 1, ...

$7 - \square > 2$

□ 0, 1, ...

2

a) $2 + \square < 6$ □ ______

b) $5 + \square < 9$ □ ______

c) $0 + \square < 8$ □ ______

d) $4 + \square < 10$ □ ______

$8 - \square > 4$ □ ______

$9 - \square > 5$ □ ______

$10 - \square > 6$ □ ______

$10 - \square > 2$ □ ______

3

a) $1 + \square < 4$ □ ______

b) $8 - \square > 3$ □ ______

c) $8 - \square < 6$ □ ______

d) $5 < 3 + \square$ □ ______

$6 < 10 - \square$ □ ______

$7 - \square < 4$ □ ______

$8 - \square > 6$ □ ______

$5 > 3 + \square$ □ ______

4

Lies, stelle Fragen! Rechne und antworte!

a) Tina hat 4 ✏. Tino hat 2 ✏ mehr als Tina.

b) Lea hat 9 ✏. Leo hat 3 ✏ weniger als Lea.

c) Kim hat 5 ✏. Sie will aber 8 ✏ haben.

1 *Ungleichungen anhand der Beispielaufgaben einführen und sie mit Hilfe der Würfeltürme lösen*

2/3 *Ungleichungen lösen, Lösungszahlen einsetzen und durch Nachrechnen prüfen*

→ **AH** S.24 → **ÜH** S.22

Aufgabenfamilien

1

4 Aufgaben sind eine Aufgabenfamilie.

8 | 5 | 3

5 + 3 = □
3 + □ = □
8 − □ = □
8 − □ = □

2 Welche Aufgaben gehören zusammen?

3 + 4 = 7

10 − 8 = 2

2 + 8 = 10

10 − 2 = 8

7 − 4 = 3

8 + 2 = 10

7 − 3 = 4

a) 7 | 3 | 4

4 + 3 = 7

b) 10 | 8 | 2

3

a) 6 | 4 | 2

4 + 2 = □

b) □ | 6 | 3

3 + 6 = □

c) 8 | 2 | □

8 − 2 = □

d) 7 | □ | □

5 + 2 = □

4 a) 10 b) 8 c) 7 d) 9 e) 6 f)

1 *Bild beschreiben, Beziehungen zwischen den Aufgaben einer Aufgabenfamilie erkennen und beim Rechnen nutzen*

2–4 *jeweils 4 Aufgaben einer Aufgabenfamilie zusammenstellen und rechnen*

→ AH S.25 → ÜH S.23

Rechenbefehle

1

2

a) 2 $\xrightarrow{+3}$ ☐   5 $\xrightarrow{+4}$ ☐   6 $\xrightarrow{+0}$ ☐

b) 4 $\xrightarrow{+3}$ ☐   7 $\xrightarrow{+2}$ ☐   1 $\xrightarrow{+8}$ ☐

c) 8 $\xrightarrow{-6}$ ☐   5 $\xrightarrow{-3}$ ☐   2 $\xrightarrow{-2}$ ☐

d) 9 $\xrightarrow{-9}$ ☐   7 $\xrightarrow{-5}$ ☐   10 $\xrightarrow{-9}$ ☐

3

a) + 3

6	
4	
7	

b) + 5

5	
0	
2	

c) − 2

9	
7	
6	

d) − 4

10	
5	
6	

4

a) 4 $\xrightarrow{+ ☐}$ 9   ☐ $\xrightarrow{+2}$ 3

b) 3 $\xrightarrow{+ ☐}$ 7   ☐ $\xrightarrow{+2}$ 10

c) 2 $\xrightarrow{+ ☐}$ 8   ☐ $\xrightarrow{+2}$ 9

L: 1, 3, 4, 5, 6, 7, 8

5

8 $\xrightarrow{-3}$ 5 $\xrightarrow{+2}$ ☐ $\xrightarrow{-4}$ ☐ $\xrightarrow{+3}$ ☐ $\xrightarrow{+1}$ ☐ $\xrightarrow{-2}$ 5

1 *Bildsituationen beschreiben, Rechenbefehle als besonderen Aufgabentyp erklären, Aufgaben lösen*

2–5 *Aufgaben mit Rechenbefehlen lösen*

→ **AH** S.26 → **ÜH** S.24

Rechnen mit mehr als zwei Zahlen

1

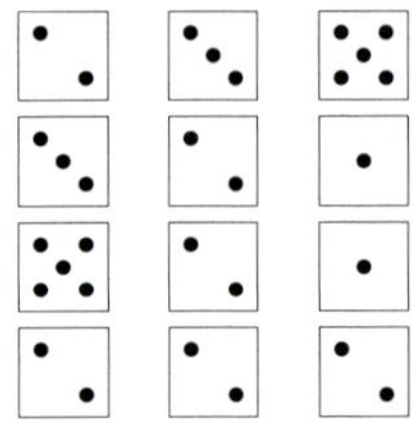

2	+	3	+	5	=		
	+	2	+	1	=		
	+		+		=		
	+		+		=		

2

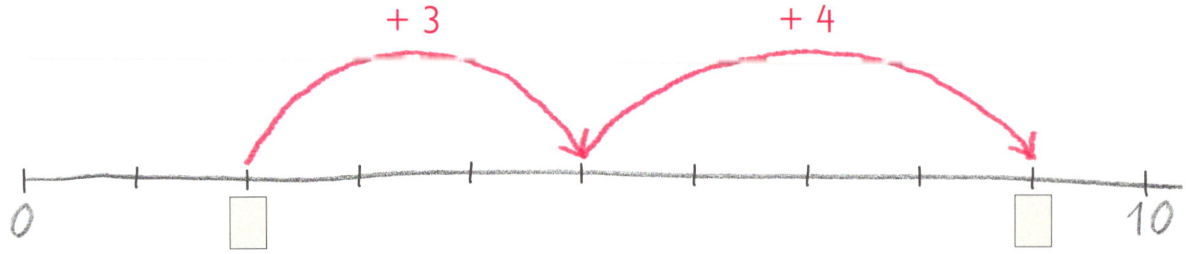

a) 2 + 3 + 4 = ☐
6 + 0 + 2 = ☐
1 + 2 + 3 = ☐

b) 4 + 1 + 3 = ☐
3 + 4 + 1 = ☐
1 + 3 + 4 = ☐

c) 1 + 1 + 1 = ☐
2 + 2 + 2 = ☐
3 + 3 + 3 = ☐

3 a)

b)

c)

4 a)

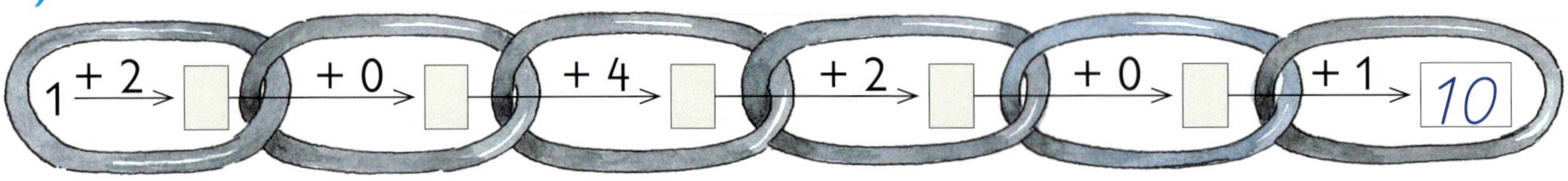

b) Gestalte ein Blatt mit Kettenaufgaben!

1 Bild beschreiben, zugehörige Aufgaben lösen

2 Aufgaben mit Hilfe des Zahlenstrichs oder des Legematerials rechnen

1

10

10 − 3 = ☐

☐ − 2 = ☐

10 − 3 − 2 = ☐

2

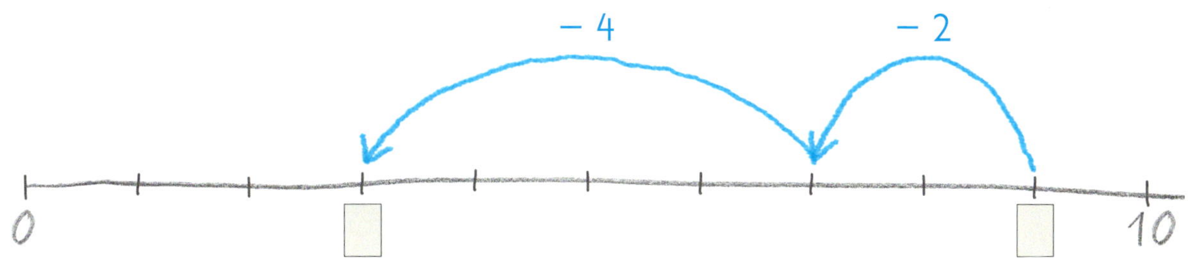

a) 9 − 2 − 4 = ☐	b) 8 − 4 − 3 = ☐	c) 10 − 5 − 2 = ☐
9 − 3 − 3 = ☐	10 − 3 − 2 = ☐	8 − 0 − 6 = ☐
9 − 4 − 2 = ☐	7 − 1 − 1 = ☐	9 − 2 − 7 = ☐

3 Rechne! Was stellst du fest? Bilde selbst Aufgaben und löse sie!

a) 10 − 1 − 1 = ☐	b) 8 − 5 − 2 = ☐	c) 9 − 4 + 4 = ☐
10 − 2 − 2 = ☐	8 − 3 − 4 = ☐	9 − 6 + 6 = ☐
10 − 3 − 3 = ☐	8 − 6 − 1 = ☐	9 − 7 + 7 = ☐

4 a) Bildet viele verschiedene Aufgaben und löst sie!

5 + 4 − 3 = 6
3 + 4 − 5 = ☐
5 − 4 + 3 = ☐
4 + ☐ − ☐ = ☐
…

b) Erwürfelt neue Aufgaben und rechnet!

1 Bildfolge beschreiben, Aufgaben rechnen
2 Aufgaben mit Hilfe des Zahlenstrichs oder des Legematerials rechnen
3 Rechenmuster erkennen und beschreiben

Rechnen mit Geld

1 Erzählt und rechnet!

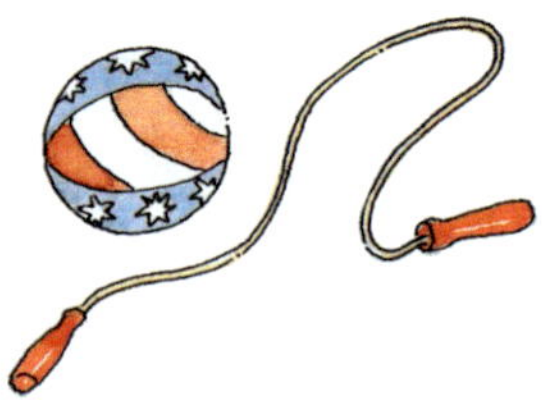 ☐ €	 ☐ €	 ☐ €	9 €
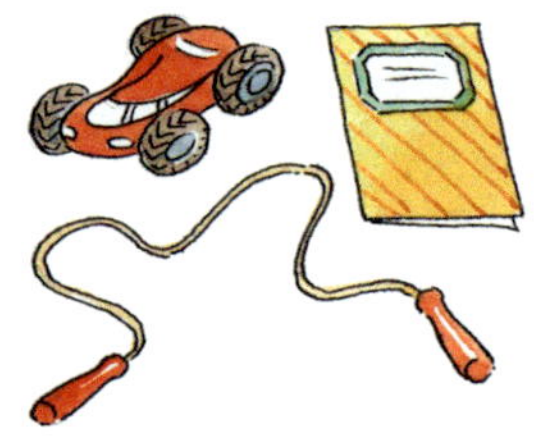 ☐ €	 ☐ €	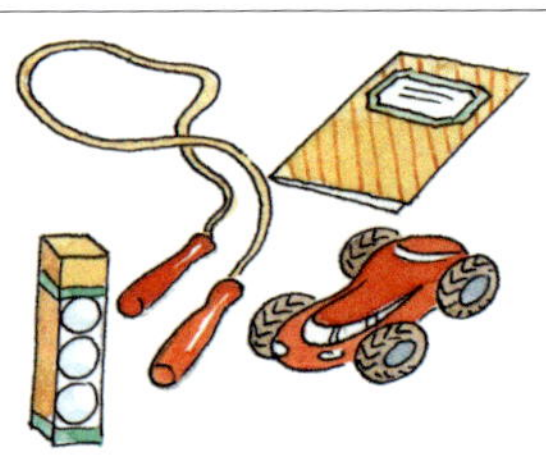 ☐ €	☐ €

2 a) 2 ct + 3 ct = ☐ ct
6 ct − 2 ct = ☐ ct
5 ct + 4 ct = ☐ ct

b) 4 € + 4 € = ☐ €
5 € − 1 € = ☐ €
7 € + 2 € = ☐ €

c) Erzähle zu einer Aufgabe eine Rechengeschichte!

3 a) 6 ct + 3 ct = ☐ ct
7 ct + 2 ct = ☐ ct
2 ct + 5 ct = ☐ ct
1 ct + 7 ct = ☐ ct

b) 7 € − 6 € = ☐ €
6 € − 1 € = ☐ €
8 € − 5 € = ☐ €
10 € − 7 € = ☐ €

c) Was kostet weniger als 10 €? Klebe dafür Preisangaben auf!

1 *zum Bild erzählen, über Preise sprechen*
2/3 *Geldbeträge zuordnen, Aufgaben rechnen*

→ AH S.28 → ÜH S.26

1

Kinokasse

Preise:

Kinder	5 €
Erwachsene	7 €

Reicht das Geld?

☐ € ☐ €

Wie viel Geld bekommt jeder zurück?

☐ € ☐ €

2 Wie viel Geld muss jedes Kind bezahlen?

Pia	|	|	|	6 €
Tom	||	||	|	___ €
Lisa	||	|||		___ €
Ali	||	|	||	___ €
				___ €

3 Was könntest du für 10 € kaufen?

10 €	||	||	||
10 €			
10 €			
10 €			
10 €			

1 *Rechengeschichten erzählen, Aufgaben zuordnen und rechnen*

2/3 *Angaben in den Tabellen erklären, zugehörige Aufgaben bilden und rechnen, Rechengeschichten erzählen*

→ **AH** S. 28 → **ÜH** S. 26

Würfel, Quader, Kugel

1 Erzähle! Finde Würfel, Quader und Kugeln!

2 Nenne und beschreibe Gegenstände aus deiner Umwelt, die die Form eines Würfels, eines Quaders, einer Kugel haben!

1 Bild unter Verwendung von Lagebeziehungen beschreiben

2 würfel-, quader- und kugelförmige Gegenstände in der Umwelt erkennen, benennen, beschreiben

→ AH S.29 → ÜH S.27

1 Beschreibe, wie die Kinder Würfel, Quader und Kugeln herstellen! Baue nach!

2 Erforsche Eigenschaften von Würfeln, Quadern und Kugeln!

3 Ordne zu! Begründe!

Würfel	Quader	Kugel	Andere Formen

4 Fühlt und zählt!

5 Zu welchen Figuren gehören diese Flächen?

6 Gestaltet eine Ausstellung zu Würfeln, Quadern und Kugeln!

1 *Modelle von Würfel, Quader, Kugel bauen*

2–5 *Eigenschaften von Würfeln, Quadern und Kugeln erkunden, beschreiben und anwenden*

Bauen mit Würfeln

1 Baue und zähle!

☐ Würfel ☐ Würfel ☐ Würfel

2 a) Baue die Figuren nach! Was fällt dir auf?

b) Es gibt 8 verschiedene Vierlinge. Baue sie!

c) **Figurensuche**

Spielvorbereitung:
Jeder Vierling wird zweimal benötigt.
Sie werden durcheinander in die Mitte gestellt.
Spielverlauf:
Ein Kind nimmt, für das andere Kind nicht sichtbar, einen Vierling weg. Das andere Kind sucht aus den übrigen den gleichen Vierling heraus. Dann wird gewechselt.
Spielende:
Sieger ist, wer öfter die richtige Figur gefunden hat.

3 a) Baue nach!

b) Beschreibe, wie sich das Bauwerk von links nach rechts verändert!

c) Baue eine eigene Würfelfigur und stecke abwechselnd einen Würfel um!

1 *Bauwerke in Schrägbildern erkennen und nachbauen, Würfel zählen*
2 *identische Figuren in unterschiedlichen Lagen erkennen*
3 *Bauwerke nachbauen, Veränderungen erkennen und beschreiben*

→ **AH** S. 30 → **ÜH** S. 28

1 Baue und beschreibe!

2 Aus welchen 2 Teilen kannst du einen Würfel zusammenbauen? Vermute zuerst, prüfe durch Nachbauen!

A 

B 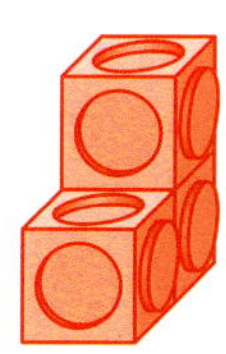

C 

D 

E 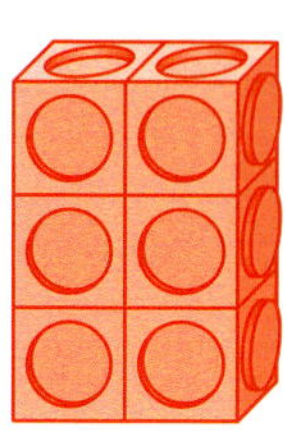

F 

G 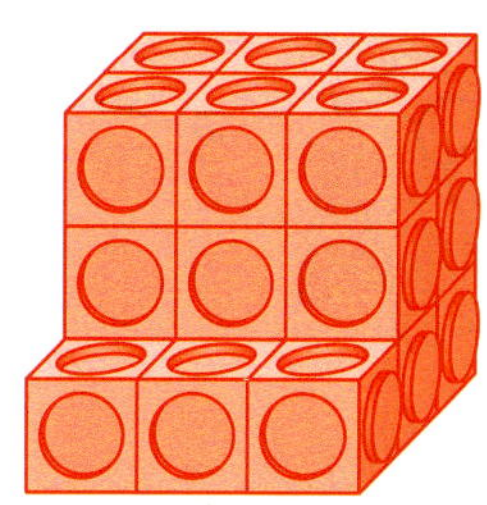

3 Baue Quader aus mehreren gleichen Teilen!

a) 

b) 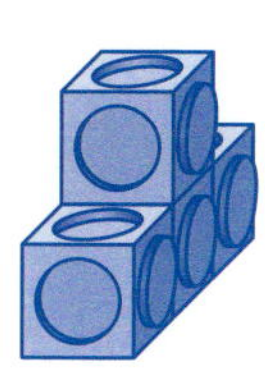

4 Zähle! Bilde passende Rechenaufgaben!

a) 

b) 

1 *sich wechselseitig Schritte für Würfelbauten unter Verwendung von Lagebeziehungen beschreiben und danach bauen*

2 *Würfel und Quader aus Einzelteilen zusammensetzen*
4 *Würfelbauwerken passende Zahlen, Zahl- und Rechenbeziehungen zuordnen*

→ **AH** S. 30 → **ÜH** S. 28

Verdoppeln

1

3 + ☐ = ☐

2 Legt Plättchen und verdoppelt!

a) 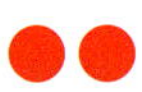

2 + ☐ = ☐

b) 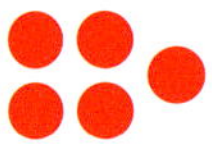

5 + ☐ = ☐

c) 

☐ + ☐ = ☐

d) 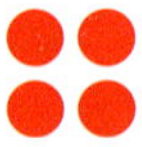

☐ + ☐ = ☐

3 Verdopple!

a) 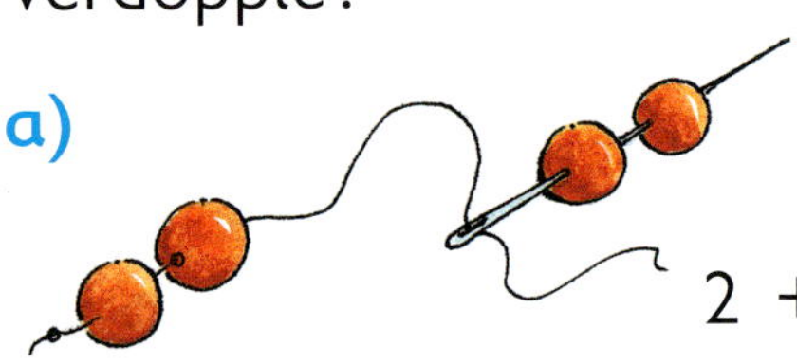

2 + 2 = ☐

b) 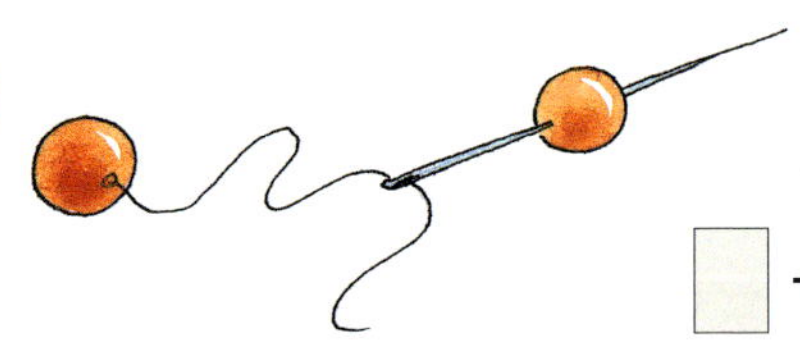

☐ + ☐ = ☐

c) 

☐ + ☐ = ☐

d) 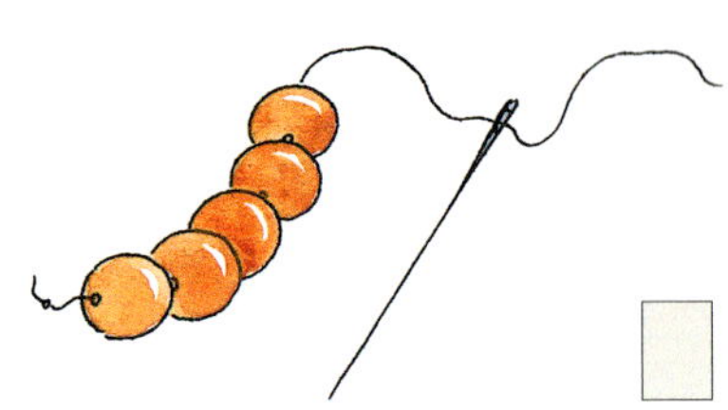

☐ + ☐ = ☐

4

5

Erzählt Rechengeschichten zum Verdoppeln!
Malt und rechnet dazu!

1 *Bild beschreiben, Aufgaben zuordnen und rechnen*
2/3 *durch Legen bzw. Spiegeln verdoppeln, Aufgaben zuordnen und rechnen*
4 *möglichst viele Verdopplungsaufgaben zusammenstellen*

→ **AH** S. 31 → **ÜH** S. 29

Halbieren

1

10

10 = ☐ + ☐

2 Legt und halbiert! Was entdeckt ihr?

☐ = ☐ + ☐

☐ = ☐ + ☐

☐ = ☐ + ☐

☐ = ☐ + ☐

3 Wie halbierst du hier?

4 = ☐ + ☐

8 = ☐ + ☐

☐ = ☐ + ☐

☐ = ☐ + ☐

4 a)

Zahl	3	5	1	4		
das Doppelte						

b)

Zahl	10	4	5	6		
die Hälfte						

1 *Bildfolge beschreiben, Aufgabe zuordnen und rechnen*

2/3 *durch Legen Mengen halbieren; Aufgaben zuordnen und rechnen; Erkennen, dass nicht alle Zahlen halbiert werden können*

→ **AH** S.31 → **ÜH** S.29

Aus der Knobelkiste

1 + oder – ?

6 ◯ 3 = 7 ◯ 2
8 ◯ 4 = 3 ◯ 1
3 ◯ 3 = 4 ◯ 4

6 ◯ 2 = 8 ◯ 5 ◯ 5
7 ◯ 3 = 2 ◯ 6 ◯ 4
5 ◯ 4 = 9 ◯ 3 ◯ 5

2 Wie kommt der Hund an den Knochen?

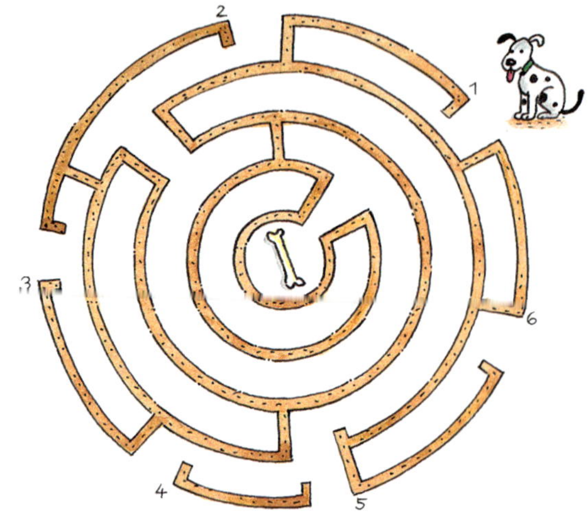

3

Lea hat ☐. Max hat ☐.

4 Fängt die Katze die Maus?

 läuft:

2 Felder nach oben (↑)
3 Felder nach rechts (→)
1 Feld nach unten (↓)

 läuft:

3 Felder nach unten
4 Felder nach links
3 Felder nach oben

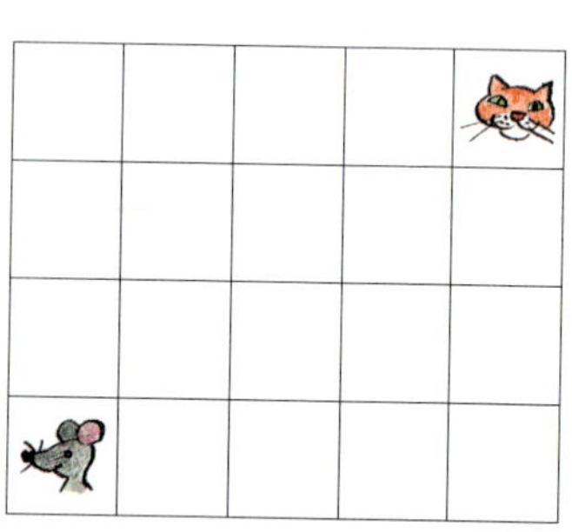

Knobelaufgaben von den Kindern selbst auswählen und lösen oder die Aufgaben nacheinander bearbeiten lassen, Lösungswege und jeweilige Lösungen beschreiben bzw. begründen

→ AH S.32 → ÜH S.30

Üben von Station zu Station

Station 1
Zahlen zerlegen

Station 2
Geldbeträge halbieren

Lege und halbiere!

10 € = ☐ € + ☐ €

7 € = ☐ € + ☐ €

8 € = ☐ € + ☐ €

Station 4
Rechengeschichten

An unserem  sind viele .
Wir schütteln. Was nun?

Erzähle Rechengeschichten!
Male und rechne!

Station 3 Würfelmuster

Baue Würfelmuster
zu deiner Lieblingszahl!
Schreibe Aufgaben!

6 + 2 = 8

Station 5 Rechnen mit Pfiff

4 + 5 = ☐

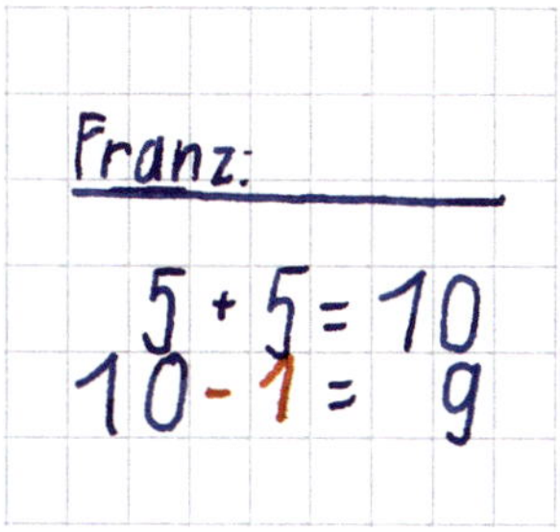

Probiere nun selbst!

3 + 2 4 + 3 6 + 5

Station 6 Aufgabenfamilien

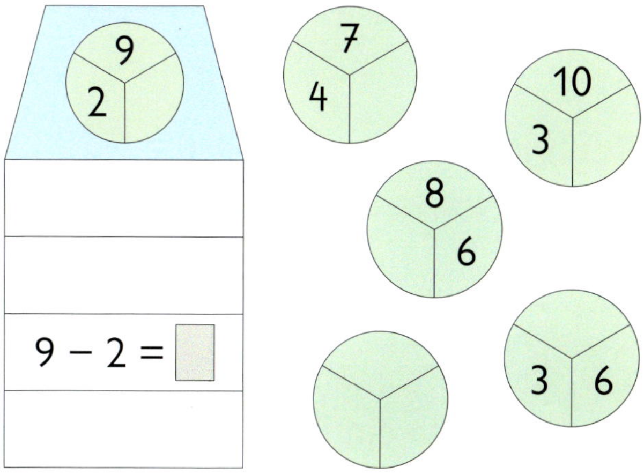

Aufgaben der Übungsstationen von den Kindern selbst auswählen und lösen oder die Übungsstationen nacheinander bearbeiten lassen,

Lösungswege und jeweilige Lösungen beschreiben bzw. begründen

→ AH S.33 → ÜH S.31

Das kann ich schon! Rechnen bis 10

Plus-Aufgaben

1

a) Rechne!

1 + 9 = □
2 + 8 = □
3 + 7 = □
4 + 6 = □

b) Rechne! Setze fort!

0 + 7 = □
1 + 6 = □
□ + □ = □

Was stellst du fest?

c) Bilde Rechenmuster!

□ + □ = 9
□ + □ = 9
□ + □ = 9

Erkläre sie!

Minus-Aufgaben

2

a) Rechne!

9 − 1 = □
9 − 2 = □
9 − 3 = □
9 − 4 = □

b) Rechne! Setze fort!

10 − 2 = □
9 − 2 = □
□ − □ = □

Was stellst du fest?

c) Bilde Rechenmuster!

□ − □ = 1
□ − □ = 2
□ − □ = 3

Erkläre sie!

Tauschaufgaben

3

a) 2 + 4 = □
4 + 2 = □

b) 3 + 7 = □
□ + □ = □

c) 9 = □ + □
9 = □ + □

Umkehraufgaben

4

a) 5 + 3 = □
8 − 3 = □

b) 7 + 2 = □
□ − □ = □

c) Erfinde eine Geschichte zu 4 a)!

Rechnen mit 0

5

a) 2 + 0 = □
2 − 0 = □
2 − 2 = □

b) 6 + □ = 6
□ − 0 = 5
9 − □ = 0

c) Ergänze!
„Immer wenn ich 0 dazurechne, …“

6 Gestalte ein Blatt mit deinen Lieblingsaufgaben!

*den erreichten Lernstand gemäß den Anforderungsbereichen der Bildungsstandards erfassen (**a**) entspricht immer dem Anforderungsbereich I – Reproduzieren, **b**) stets dem Anforderungsbereich II – Zusammenhänge erkennen, **c**) dem Anforderungsbereich III – Verallgemeinern, Begründen)*

→ AH S.34 → ÜH S.32–35

Rechen-tabellen

1 a)

+	3	2	0	4
6				

b)

−	5		7	
7		4		1

c) Erstelle selbst Rechentabellen!

Rechen-befehle

2 a) $6 \xrightarrow{+3} \square$ $\quad 9 \xrightarrow{-7} \square$

b) $3 \xrightarrow{+\square} 9$ $\quad 7 \xrightarrow{-\square} 5$

c) $\square \xrightarrow{\bigcirc\square} \square \xrightarrow{\bigcirc\square} 6$ $\quad \square \xrightarrow{\bigcirc\square} \square \xrightarrow{\bigcirc\square} 8$

Geld-beträge

3 a) 2 € + 5 € = □ €

9 € − 4 € = □ €

b) 7 € + □ € = 10 €

□ € − 5 € = 3 €

c) Lege 10 Euro auf 3 verschiedene Weisen!

Würfel Kugel Quader

Würfel

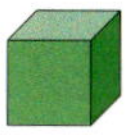

Kugel

Quader

4 a)

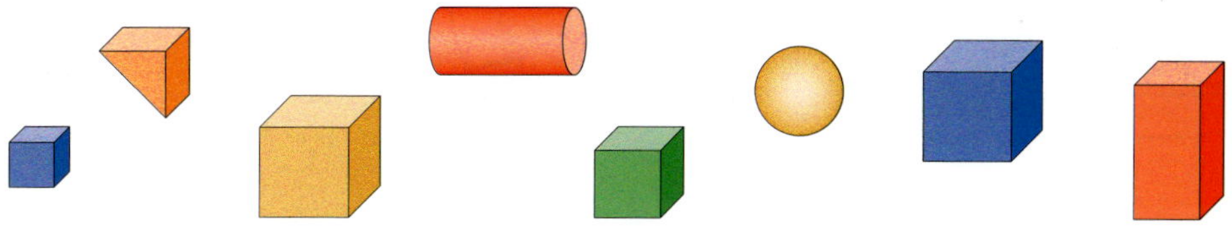

b) Legst du 2 gleich große Würfel zusammen, erhältst du ______________________.

c) Aus ______ gleich großen Würfeln kannst du einen größeren Würfel bauen.

Rechen-geschichten

5 Erzähle Rechengeschichten!

a) zum Bild b) zu 7 − 3 = 4 c) zu 5 + □ = 12

*den erreichten Lernstand gemäß den Anforderungsbereichen der Bildungsstandards erfassen (**a**) entspricht immer dem Anforderungsbereich I – Reproduzieren, **b**) stets dem Anforderungsbereich II – Zusammenhänge erkennen, **c**) dem Anforderungsbereich III – Verallgemeinern, Begründen)*

Die Zahlen bis 20, Formen

Die Zahlen von 11 bis 20

11	12	13	14	15

Bild unter Verwendung von „links“, „rechts“, „vorn“, „hinten“, „unten“, „oben“ beschreiben;

Gegenstände benennen und deren Formen beschreiben, Gegenstände zählen, wechselseitiges Zuordnen von Mengen und Zahlen

→ **AH** S.35 → **ÜH** S.36

16	17	18	19	20

Bild unter Verwendung von „links“, „rechts“, „vorn“, „hinten“, „unten“, „oben“ beschreiben; Gegenstände benennen und deren Formen beschreiben, Gegenstände zählen, wechselseitiges Zuordnen von Mengen und Zahlen, Schreib- und Sprechweise der Zahlen von 11 bis 20 kennen lernen

→ **AH** S.35 → **ÜH** S.36

Darstellen der Zahlen von 11 bis 20

1

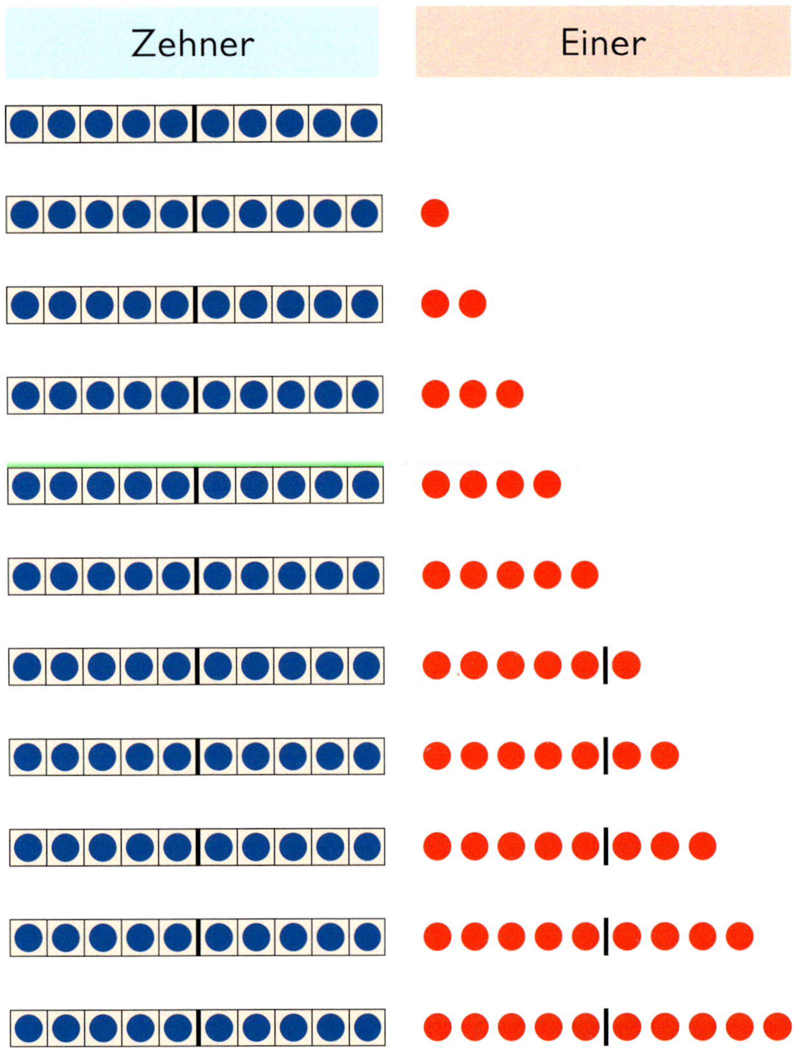

	Z	E
10	1	0
10 + 1 = 11	1	1
10 + 2 = 12	1	2
10 + ☐ = 13	1	3
10 + ☐ = 14	1	4
10 + 5 = 15	1	5
10 + ☐ = 16	1	6
10 + ☐ = 17	1	7
10 + ☐ = 18	1	8
10 + ☐ = 19	1	9
10 + 10 = 20	2	0

2 Tino legt: Er malt: Er schreibt: Er spricht:

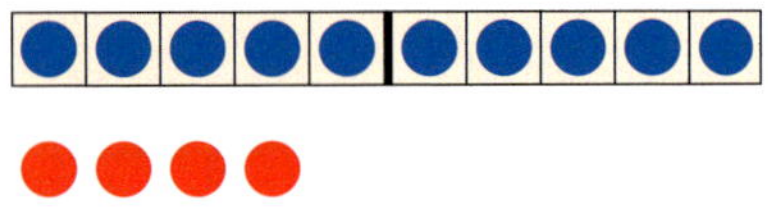

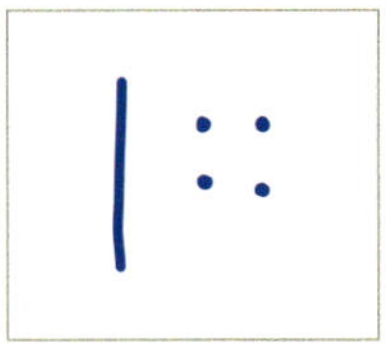

Lege, male und schreibe wie Tino: 11, 16, 18, 17 und 20!

3 **a)** Pia legt 16 so: Ron legt 16 so:

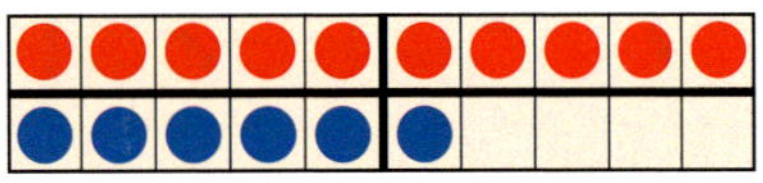

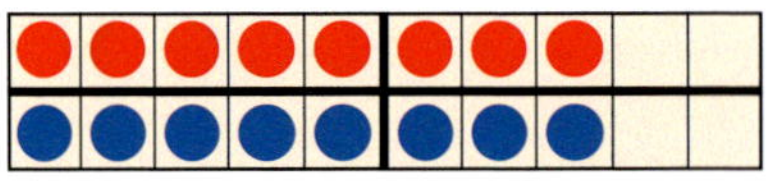

b) Lege auf verschiedene Weise: 15, 12, 18, 19, 20!

1 *Zahlen von 11 bis 20 in Zehner und Einer zerlegen*

2/3 *Zahlen von 11 bis 20 auf verschiedene Weise darstellen (mit Hilfe von Plättchen, als Zahlbilder, mit Ziffern, als Zahlwörter, mit Hilfe des Zwanzigerfeldes)*

→ AH S.36 → ÜH S.37

Nachbarzahlen

1 Ergänzt bis 20!

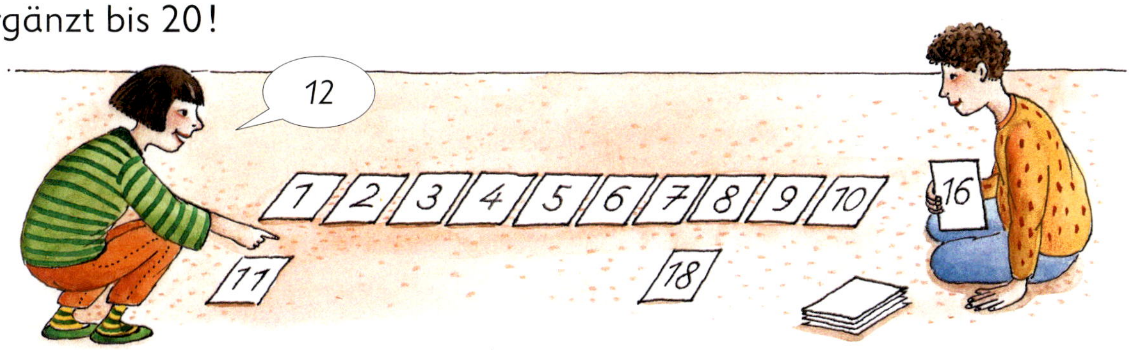

2

☐ – 13 – ☐   14 – ☐ – ☐   ☐ – 12 – ☐   ☐ – ☐ – 16

15 – ☐ – ☐   18 – ☐ – ☐   ☐ – ☐ – 17   ☐ – 20 – ☐

3 Zähle

a) von 6 bis 12,

b) von 9 bis 17,

c) von 13 bis 8,

d) von 20 bis 11!

4 Zähle in Zweierschritten

a) von 8 bis 18,

b) von 5 bis 17,

c) von 16 bis 6,

d) von 19 bis 9!

5 a)

15 ist der **Vorgänger** von ☐.

17 ist der **Nachfolger** von ☐.

b)

Vorgänger			14	
Zahl	11	19		
Nachfolger				13

6 Welche Zahlen könnten es sein?

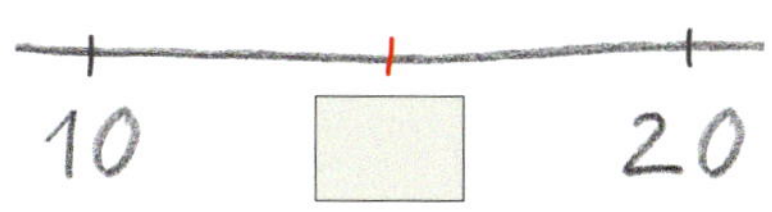

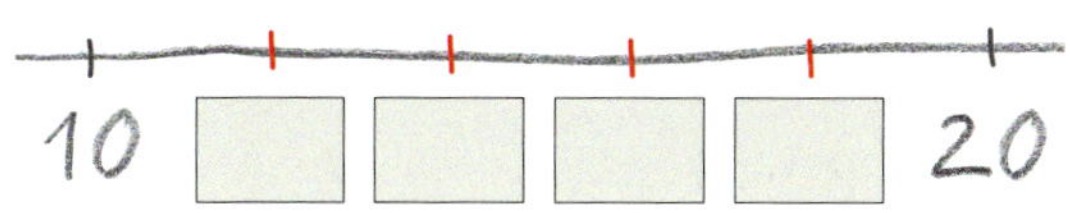

7 Zeichne Zahlenstriche mit:

a) 10, 14, 15

b) 15, 17, 19

c) 10, 11, 19, 20

c) 0, 5, 10, 20

1 Analogien in der Zahlenstruktur zwischen den Zahlen von 1 bis 10 und von 11 bis 20 erkennen
2 Nachbarzahlen angeben
3 Zählen in verschiedenen Rhythmen
4 Vorgänger und Nachfolger einer Zahl bestimmen
5 Zahlen auf Zahlenstrichen erkennen und angeben

→ **AH** S. 37 → **ÜH** S. 38

Der Zahlenstrahl

1

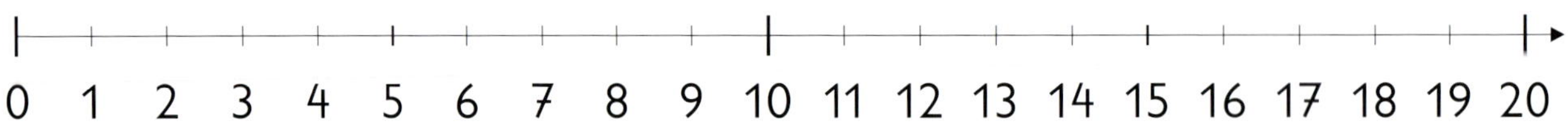

2

a) Welche Zahlen hat Anna markiert? **b)** Zeige 0, 4, 8, 13, 15!

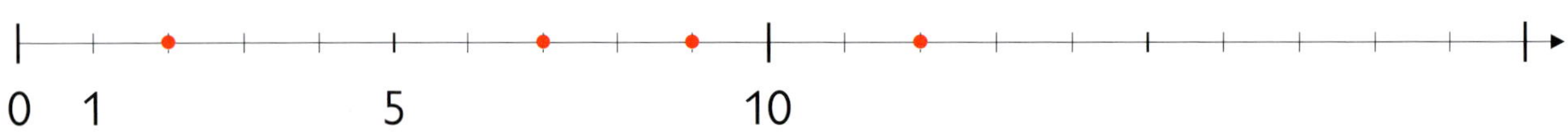

3

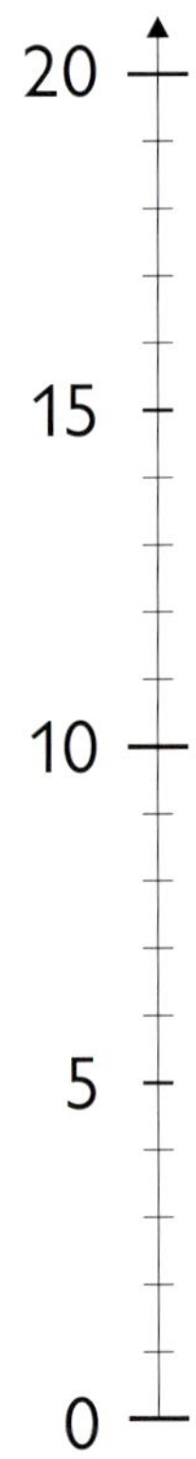

a) Zeige auf dem Zahlenstrahl: 2, 6, 9, 19, 11, 7, 20!

b) Zeige
- den Vorgänger von 13
- den Nachfolger von 15
- den Nachfolger von 9

c) Zeige die Zahlen, die
- zwischen 5 und 10,
- zwischen 11 und 14 liegen!

d) Zähle in Zweierschritten und in Fünferschritten!

Zeige immer am Zahlenstrahl!

4

0 + 6 = ☐	8 − 0 = ☐	7 − 7 = ☐	9 − 8 = ☐	3 − 3 + 3 = ☐
4 + 0 = ☐	0 + 0 = ☐	5 − 5 = ☐	8 − 9 = ☐	4 + 4 − 4 = ☐

1 Zahlenstrahl mit gleich langen Stäbchen legen und Besonderheiten des Zahlenstrahls beschreiben

2/3 Zahlen und Zahlbeziehungen auf Zahlenstrahlen darstellen

Vergleichen und Ordnen der Zahlen bis 20

1 a)

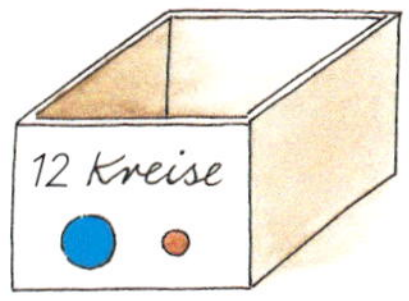

Wo sind mehr drin?

b) Beschreibe, wie die Kinder begründen:

Tim legt:

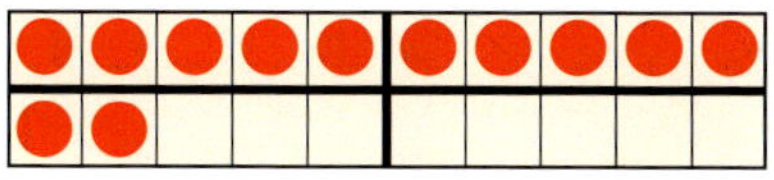

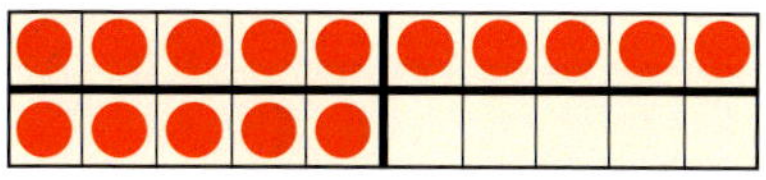

Lina malt:

Tilo zählt:

12, 13, 14, 15

Anna schreibt:

12 < 15, weil
2 < 5.

2

a)	b)	c)	d)
16 ◯ 15	18 ◯ 13	16 ◯ 14	7 ◯ 17
15 ◯ 18	12 ◯ 20	13 ◯ 17	10 ◯ 9
18 ◯ 20	3 ◯ 9	12 ◯ 12	15 ◯ 19
6 ◯ 9	17 ◯ 10	7 ◯ 2	0 ◯ 0

3

1	5	>					
		0,	1,	2,	...,	1	4

a)	b)	c)
12 < ☐	☐ < 14	☐ > 16
18 < ☐	☐ < 20	☐ > 9
13 < ☐	☐ < 16	☐ > 12
11 < ☐	☐ < 11	☐ > 15

4 Ordne!

a) Beginne mit der kleinsten Zahl!

7 11 18 15 20 13

☐, ☐, ☐, ☐, ☐, ☐

b) Beginne mit der größten Zahl!

fünfzehn
zwölf neun zwanzig
achtzehn

☐, ☐, ☐, ☐, ☐

1 verschiedene Strategien für das Vergleichen der Zahlen bis 20 entdecken und beschreiben

2/3 Zahlen miteinander vergleichen
4 Zahlen der Größe nach ordnen

Dreiecke und Vierecke

1 Finde Dreiecke und Vierecke! Zähle sie!

2 Ordne zu!

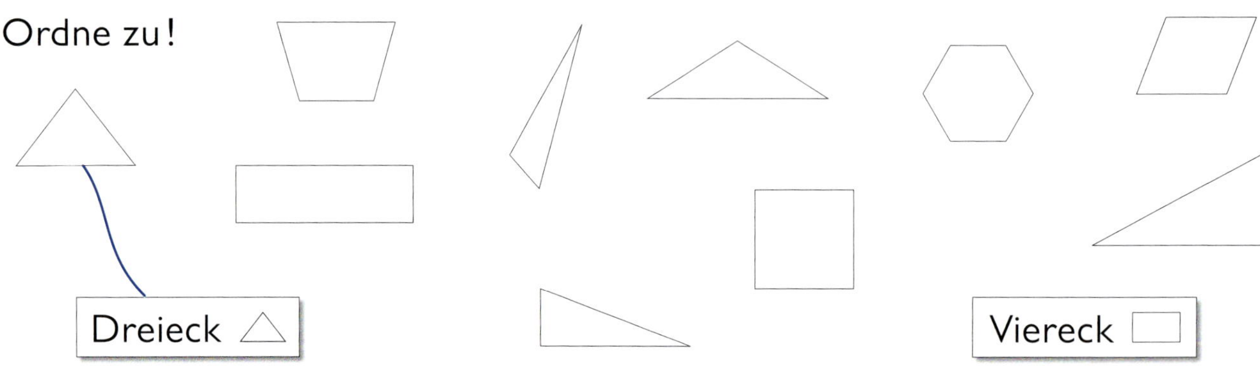

3 **a)** Erforsche Dreiecke und Vierecke in deiner Umgebung! Male Bilder!

b) Sprecht über die Ergebnisse der Kinder!

1 Dreiecke und Vierecke als Formen in der Umwelt entdecken und benennen
2 den Figuren die Begriffe „Dreieck“ und „Viereck“ zuordnen und Zuordnungen begründen
3 Dreiecke und Vierecke in verschiedenen Sachkontexten erforschen und auf verschiedene Weise darstellen

→ AH S. 40 → ÜH S. 40

1

a) Lege, klebe, zeichne und schneide aus!

b) Ordne die Figuren!

2 Lege Figuren mit dem Legematerial!

3 Falte ein Blatt aus der Zettelbox so! Schneide aus, lege verschiedene Dreiecke und Vierecke!

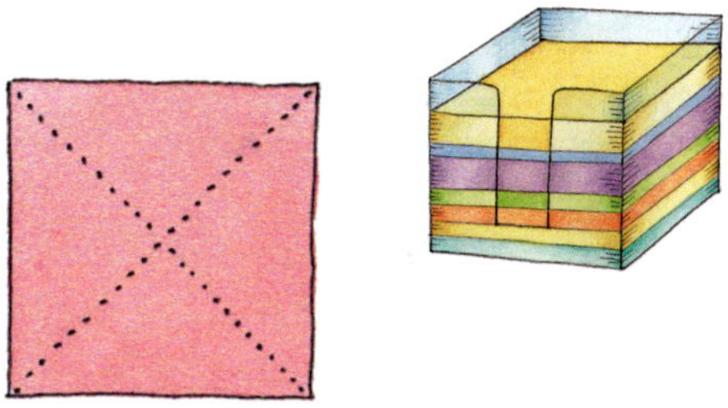

4

a) Wie viele Dreiecke und Vierecke findest du?

b) Gestaltet selbst Häuser!

1 *Dreiecke und Vierecke auf verschiedene Weise erzeugen*

2–4 *Eigenschaften von Dreiecken und Vierecken durch Zerlegen und Zusammensetzen erforschen*

→ **AH** S. 40 → **ÜH** S. 40

Kreise

1 a) Finde Kreise in deiner Umgebung! Annas Beispiele:

b) Wo findest du hier Kreise?

2 a) Lege oder zeichne Figuren mit Kreisen!

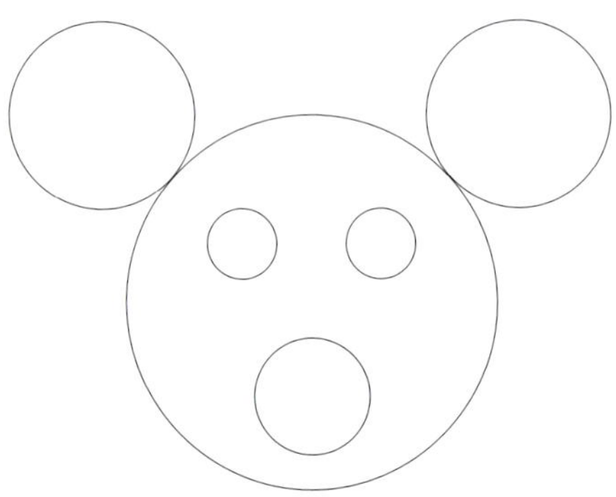

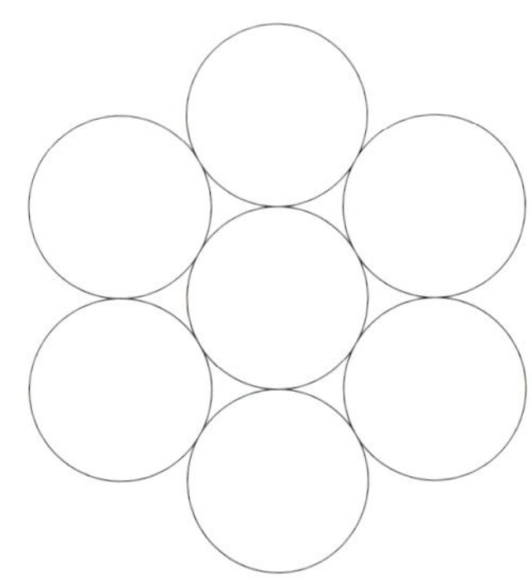

b) Erfinde eigene Figuren mit Kreisen!

3 Zähle Kreise, Dreiecke und Vierecke!

4 Sammle Bilder von Kreisen! Klebe sie auf!

1 Kreis als besondere Form in der Umwelt entdecken und benennen
2 Kreismuster legen
3 Dreiecke, Vierecke und Kreise in komplexen Bildern erkennen, benennen und zählen

→ AH S.41 → ÜH S.41

Mathekonferenz: Kreise herstellen

1

2 Die Kinder aus Pauls Gruppe haben Kreise so hergestellt:

a) Vergleicht mit euren Ergebnissen!

b) Beschreibe, wie die Kinder aus Pauls Gruppe Kreise hergestellt haben!

3 Gestalte ein Blatt mit Kreisen und Kreismustern!

1 *Herstellen von Kreisen auf verschiedene Weise erforschen*
2 *Kreisdarstellungen analysieren, beschreiben und miteinander vergleichen*

→ **AH** S. 41 → **ÜH** S. 41

Addieren und Subtrahieren bis 20

Was kann ich schon?

1

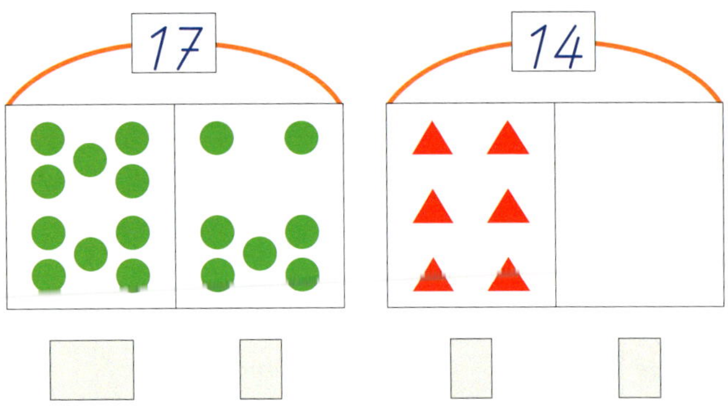

2

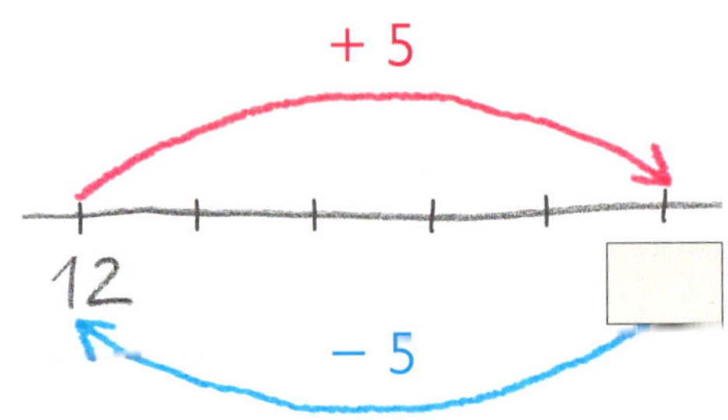

12 + 5 = ☐

17 – 5 = ☐

5 Lege mit 15 Plättchen zweifarbige Muster! Ordne Aufgaben zu und rechne!

10 + 5 = ☐	12 + 3 = ☐
5 + 10 = ☐	☐ ○ ☐ = ☐
15 – 5 = ☐	☐ ○ ☐ = ☐
15 – 10 = ☐	☐ ○ ☐ = ☐

7

7 | 13 | 15

8

Immer ☐ €

erstes ganzheitliches Kennenlernen wichtiger Lernthemen und der Nutzung verschiedener Anschauungsmittel zum Addieren und Subtrahieren bis 20,

Ausgangsniveau bzgl. der Lernthemen feststellen

3

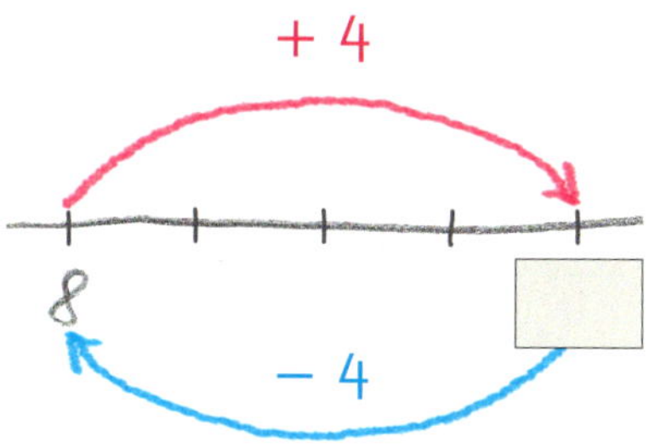

8 + 4 = □

12 − 4 = □

4

5 + 5 = □	20 − 1 = □
6 + 6 = □	20 − 2 = □
7 + 7 = □	20 − 3 = □
□ + □ = □	□ − □ = □
□ + □ = □	□ − □ = □
□ + □ = □	□ − □ = □

6

Lege geschickt auf dem Zwanzigerfeld und rechne!

10 Erzähle Rechengeschichten!

9

9 18 12

11 Gestalte ein Blatt mit Aufgaben, die du schon rechnen kannst!

erstes ganzheitliches Kennenlernen wichtiger Lernthemen und der Nutzung verschiedener Anschauungsmittel zum Addieren und Subtrahieren bis 20,

Ausgangsniveau bzgl. der Lernthemen feststellen

Mathekonferenz: Addieren bis 20

1

Wie rechnet ihr?

14 + 2	7 + 13	8 + 4
5 + 6	9 + 2	

Tipps für die Mathekonferenz

- Bildet kleine Gruppen!
- Erforscht Rechenwege!
- Stellt sie in der Gruppe vor!
- Gestaltet ein Forscherblatt!
- Vergleicht eure Rechenwege!

2 Die Kinder aus Pauls Gruppe rechneten so:

Nina:

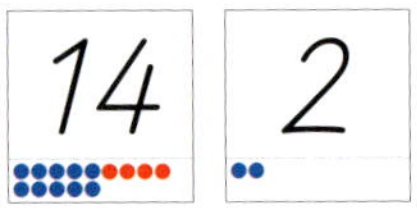

14 + 2 =
4 + 2 = 6
14 + 2 = 16

Janusch:

7 + 13 = 13 + 7
13 + 2 + 5 = 20

Nadine:

14 + 2 = 16

Paul:

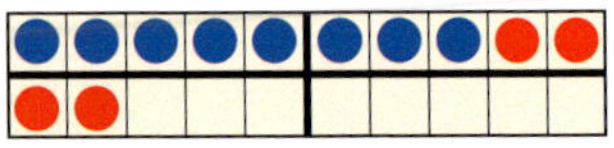

8 + 4 = 12

Ali:

9 + 2 =
10 + 1 = 11
9 + 2 = 11

Bruno:

5 + 5 = 10
5 + 6 = 11

1 *verschiedene Rechenwege zum Addieren entdecken, anwenden und beschreiben*

2 *verschiedene Rechenwege verstehen, beschreiben und miteinander vergleichen*

→ AH S.42/43 → ÜH S.42

Probiere verschiedene Rechenwege!

1 Plättchen legen und rechnen

Paul rechnet so:

8 + 5 = __

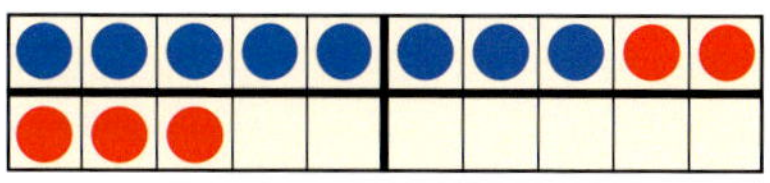

a)

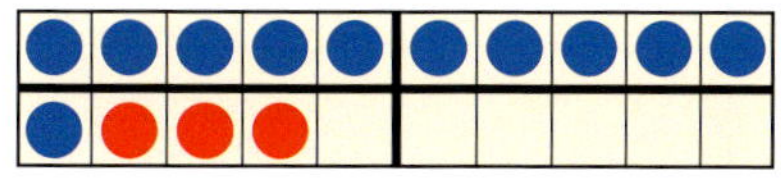

__ + __ = __

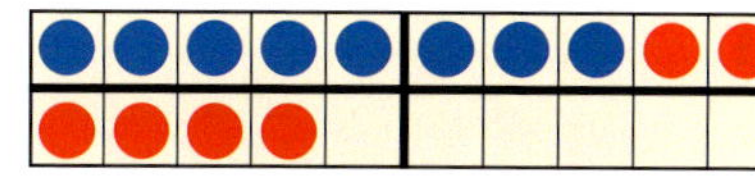

__ + __ = __

b)

13 + 5 = __	8 + 7 = __	9 + 9 = __
12 + 2 = __	4 + 6 = __	7 + 5 = __

L: 10, 12, 13, 14, 15, 18, 18

2 Am Zahlenstrich rechnen

Nadine rechnet so:

7 + 6 = __

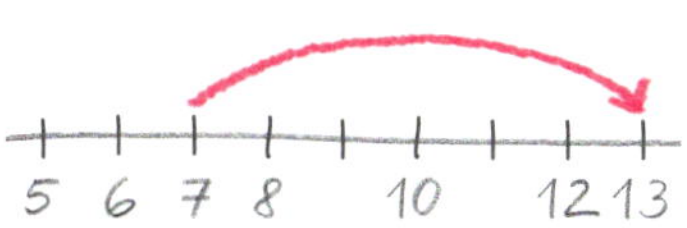

a)

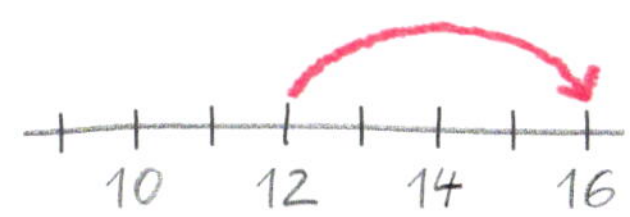

__ + __ = __

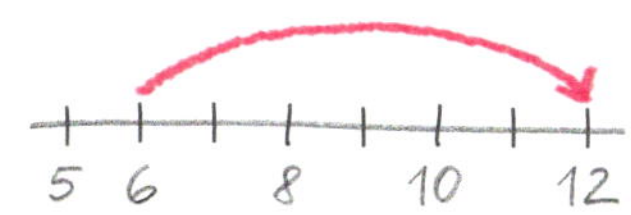

__ + __ = __

b)

11 + 7 = __	8 + 4 = __	6 + 9 = __
16 + 3 = __	4 + 9 = __	9 + 8 = __

L: 12, 13, 14, 15, 17, 18, 19

3 Eine einfache Aufgabe übertragen

Nina rechnet so:

12 + 3 = __

2 + 3 = __
12 + 3 = __

a)

12 + 7 = __
__ + __ = __

14 + 5 = __
__ + __ = __

b)

15 + 0 = __	13 + 2 = __	12 + 8 = __
11 + 9 = __	19 + 1 = __	13 + 7 = __
16 + 4 = __	11 + 4 = __	15 + 5 = __

L: 15, 15, 15, 15, 20, 20, 20, 20, 20, 20

4 Rechne mit deinem Rechenweg!

a) 14 + 4	b) 11 + 8	c) 5 + 7	d) 3 + 8	e) 6 + 5
18 + 2	17 + 3	9 + 5	5 + 5	3 + 9

L: 10, 11, 11, 12, 12, 14, 18, 19, 19, 20, 20

1–3 *jeweils einen vorgegebenen Rechenweg anwenden (unter Nutzung des Zwanzigerfeldes, des Zahlenstriches, von Analogiebeziehungen)*

4 *jeweils einen selbst gewählten Rechenweg anwenden und Selbstkontrollmöglichkeit nutzen*

1–4 *über günstige Lösungswege diskutieren*

→ **AH** S.42/43 → **ÜH** S.42

Übertragungs-, Tausch- und Nachbaraufgaben

1

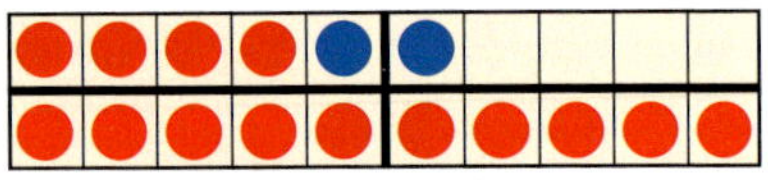

	4	+	2	=	
1	4	+	2	=	

Übertrage und rechne!

a) 5 + 2 = □ 1 + 7 = □

15 + 2 = □ □ + □ = □

b) 4 + 5 = □ 8 + 2 = □

□ + □ = □ □ + □ = □

2

7	+	5	=	5	+	7

Lege, rechne und vergleiche!

a) 12 + 6 = □ 3 + 15 = □

6 + 12 = □ 15 + 3 = □

b) 3 + 9 = □ 6 + 8 = □

9 + 3 = □ 8 + 6 = □

3 Rechne mit Pfiff!

a) 5 + 13 = □ 11 + 3 = □

5 + 14 = □ 11 + 4 = □

b) 1 + 18 = □ 2 + 9 = □

4 + 13 = □ 4 + 8 = □

c) 14 + 5 = □ 4 + 11 = □

14 + 4 = □ 3 + 12 = □

d) 3 + 17 = □ 5 + 8 = □

5 + 15 = □ 3 + 9 = □

L: 11, 12, 12, 13, 13, 14, 15, 15, 15, 17, 18, 18, 19, 19, 19, 20, 20

4

a)

10 + 8 = □ 9 + 9 = □

9 + 8 = □

8 + 8 = □ 9 + 7 = □

b) Bilde immer die Nachbaraufgaben und rechne!

13 + 5 = □ 8 + 6 = □

4 + 15 = □ 4 + 9 = □

1–4 *Aufgaben unter Nutzung von Analogie-, Tausch- und Nachbarbeziehungen lösen, dabei selbst über den zusätzlichen Gebrauch von Anschauungsmitteln entscheiden*

→ AH S.44 → ÜH S.43

Rechentabellen und Rechenrätsel

1 Zerlege!

a)

14	
13	
	2

b)

18	
10	
	9

c)

15		
5	5	
10		1

d)

20		
10	1	
	8	2

2 a)

+	0	2	5	6	8
10					
8					
					14

b)

+	11	13	15	16	17
1					
2					
					20

3

Anzahl der Kinder in der Grundschule am Bergsee

Lerngruppe	Mädchen	Jungen	Insgesamt
A	8	12	
B	11	9	
C	10	11	
D	12	10	

a) Sprecht über die Zahlen in der Tabelle!

b) Wie viele Kinder sind insgesamt in jeder Lerngruppe?

c) Stellt eine solche Tabelle für eure Schule zusammen!

4 Lies, stelle Fragen, rechne und antworte!

a) In Martins Gruppe sind 9 Mädchen und genauso viele Jungen.

b) In Annas Gruppe sind insgesamt 20 Kinder. Es sind 2 Mädchen mehr als Jungen.

1–4 *Aufgaben selbstständig lösen, dabei über die Nutzung von Hilfsmitteln frei entscheiden*

→ **AH** S. 45

Gleichungen und Ungleichungen

1 a)

$11 + \square = 15$

b)
$10 + \square = 14$
$14 + \square = 19$
$13 + \square = 16$
$17 + \square = 17$

c)
$\square + 3 = 16$
$\square + 7 = 18$
$4 + \square = 19$
$5 + \square = 20$

d)
$9 + \square = 13$
$6 + \square = 12$
$4 + \square = 11$
$8 + \square = 16$

e)
$\square + 7 = 14$
$\square + 6 = 11$
$8 + \square = 17$
$3 + \square = 12$

2 a)

$12 + \square < 15$

b)
$12 + \square < 16$
□ ______
$17 + \square < 19$
□ ______

c)
$11 + \square > 14$
□ ______
$16 + \square > 19$
□ ______

d)
$14 + \square < 16$
$13 + \square < 20$
$12 + \square > 15$
$13 + \square > 17$

e)
$15 < 12 + \square$
$18 > 11 + \square$
$17 > 13 + \square$
$19 > 8 + \square$

3 Welche Augenzahlen haben die Kinder verdeckt?

a)

b)

c) Spielt zu zweit nach verschiedenen Spielregeln!

1/2 *Gleichungen und Ungleichungen selbstständig lösen, dabei über die Nutzung von Legematerial selbst entscheiden*

3 *gemeinsam Spielregeln festlegen und mehrfach nach verschiedenen Regeln spielen*

→ AH S. 46 → ÜH S. 44

Rechengeschichten

1

2

3

4

5 Erfinde passende Rechengeschichten!

a) 4 + 11 = ☐ b) 6 + 6 = ☐ c) 13 + 5 = ☐ d) 8 + ☐ = 14

1–4 *Bilder beschreiben, Rechengeschichten erzählen, dabei passende Aufgaben zuordnen und lösen*

5 *zu vorgegebenen Aufgaben passende Rechengeschichten erfinden und erzählen*

→ **AH** S. 47 → **ÜH** S. 45

Mathekonferenz: Subtrahieren bis 20

1

2 Die Kinder aus Elisas Gruppe rechneten so:

Bruno:

18 – 4 =
8 – 4 = 4
18 – 4 = 14

Bella:

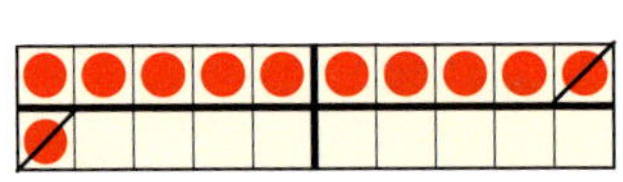

11 – 2 = 9

Fyn:

16 – 14 =
14 + 2 = 16

Andreas:

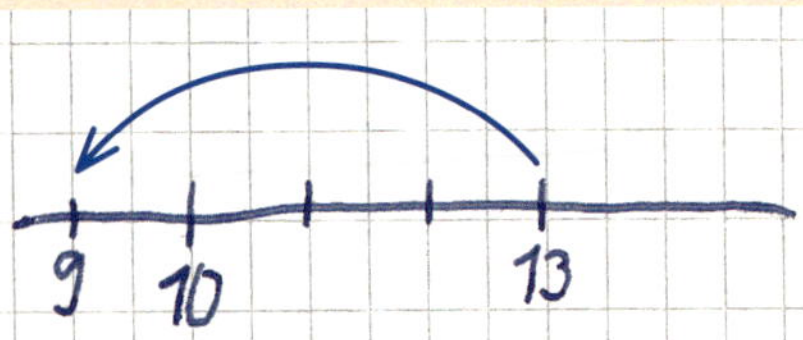

13 – 4 = 9

Elisa:

13 – 4 = 13 – 3 – 1

Paula:

12 – 6 =
6 + 6 = 12

1 *verschiedene Rechenwege entdecken, anwenden und beschreiben*

2 *verschiedene Rechenwege verstehen und miteinander vergleichen*

→ **AH** S. 48/49 → **ÜH** S. 46

Probiere verschiedene Rechenwege!

1 Plättchen wegnehmen

Bella rechnet so:

17 − 3 = ☐

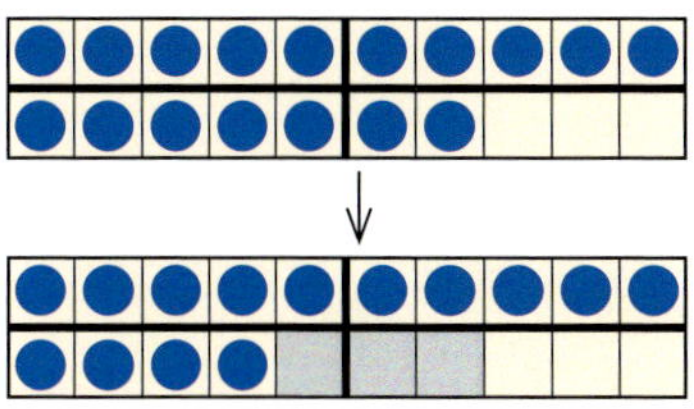

a)

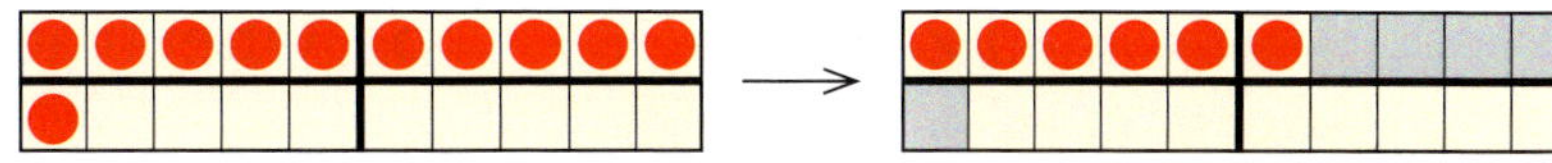

☐ − ☐ = ☐

b)

17 − 7 = ☐ 14 − 6 = ☐ 12 − 6 = ☐

18 − 6 = ☐ 15 − 7 = ☐ 14 − 7 = ☐

20 − 6 = ☐ 16 − 8 = ☐ 16 − 9 = ☐

L: 6, 6, 7, 7, 8, 8, 8, 10, 12, 14

2 Am Zahlenstrich rechnen

Andreas rechnet so:

18 − 4 = ☐

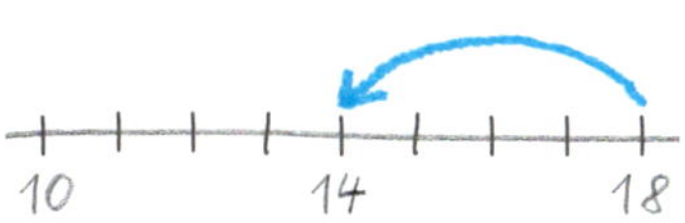

a)

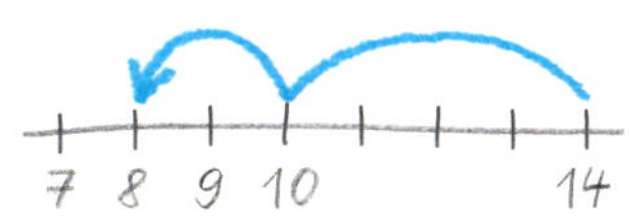

☐ − ☐ = ☐

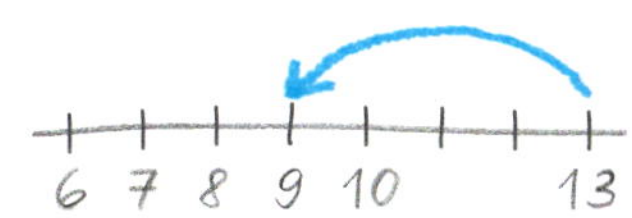

☐ − ☐ = ☐

b)

19 − 8 = ☐ 12 − 3 = ☐ 15 − 9 = ☐

16 − 6 = ☐ 17 − 8 = ☐ 14 − 8 = ☐

L: 6, 6, 9, 9, 10, 11, 12

3 Eine einfache Aufgabe übertragen

Bruno rechnet so:

18 − 7 = ☐

	8	−	7	=		
1	8	−	7	=		

a)

1	4	−	3	=					1	8	−	8	=		
		−		=							−		=		

b)

19 − 7 = ☐ 18 − 6 = ☐

14 − 2 = ☐ 17 − 6 = ☐

13 − 0 = ☐ 15 − 4 = ☐

L: 11, 11, 12, 12, 12, 13, 13

c) Finde weitere solche Aufgaben!

4 Rechne mit deinem Rechenweg!

a) 13 − 2 = ☐
19 − 3 = ☐

b) 15 − 7 = ☐
12 − 9 = ☐

c) 13 − 4 = ☐
12 − 6 = ☐

L: 3, 4, 6, 8, 9, 11, 16

1–3 *jeweils einen vorgegebenen Rechenweg anwenden (unter Nutzung des Zwanzigerfeldes, des Zahlenstriches, von Analogiebeziehungen)*

4 *jeweils einen selbst gewählten Rechenweg anwenden und Selbstkontrollmöglichkeit nutzen*

1–4 *über günstige Lösungswege diskutieren*

→ **AH** S. 48/49 → **ÜH** S. 46

Übertragungs-, Umkehr- und Nachbaraufgaben

1 a) 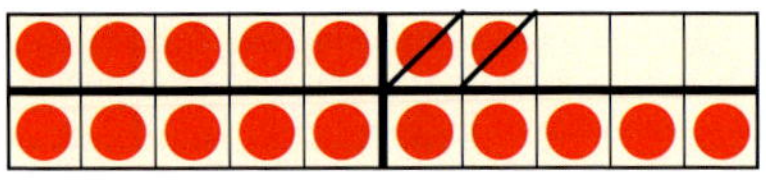

	7	-	2	=	
1	7	-	2	=	

b) Übertrage und rechne!

4 − 1 = ☐
14 − 1 = ☐

6 − 5 = ☐
☐ − ☐ = ☐

9 − 3 = ☐
☐ − ☐ = ☐

7 − 4 = ☐
☐ − ☐ = ☐

2 a) 

8 + 4 = ☐

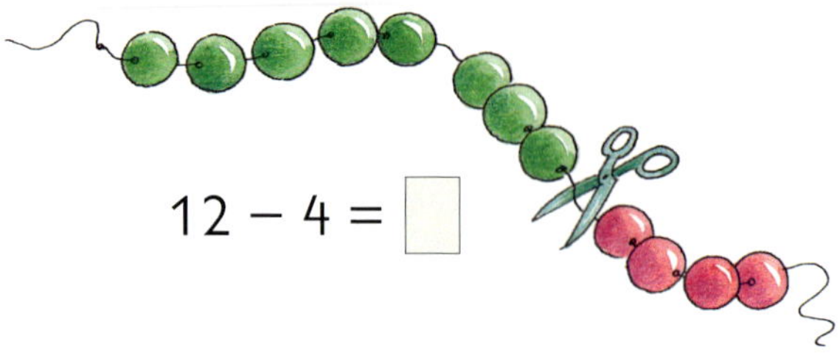

12 − 4 = ☐

b) Lege und rechne!

☐ + 7 → 12, 12 − 7 → ☐

☐ + 6 → 12, 12 − ☐ → ☐

7 + ☐ → 16, 16 − ☐ → 7

6 + ☐ → 11, 11 − ☐ → 6

3 Rechne! Kontrolliere immer mit der Umkehraufgabe!

1	3	-	5	=		8
		denn				
	8	+	5	=		

15 − 6 = ☐
11 − 7 = ☐
13 − 8 = ☐
18 − 11 = ☐

12 − 5 = ☐
14 − 6 = ☐
17 − 9 = ☐
16 − 13 = ☐

20 − 8 = ☐
13 − 4 = ☐
19 − 9 = ☐
15 − 12 = ☐

4 a)

12 − 6 = ☐
11 − 7 = ☐
11 − 6 = ☐
10 − 6 = ☐
11 − 5 = ☐

b) Bilde immer die Nachbaraufgaben und rechne!

18 − 3 = ☐
17 − 12 = ☐
13 − 4 = ☐
14 − 7 = ☐

1–4 *Aufgaben unter Nutzung von Analogie-, Umkehr- und Nachbarbeziehungen lösen, dabei selbst über einen zusätzlichen Gebrauch von Anschauungsmitteln entscheiden*

→ AH S.50 → ÜH S.47

Aufgabenfamilien, Rechentabellen, Gleichungen

1 a)

17 / 14, 3
14 + 3 = ☐
3 + 14 = ☐
17 − ☐ = ☐
17 − ☐ = ☐

b) Stelle Aufgabenfamilien zusammen!

12 / 5, 7	13 / 8, 5	14 / 6, 8
16 / 12, ☐	7 / ☐, 6	19 / ☐, ☐

2 a)

−	3	5	7	9
16				
17				

b)

−	11	8	5	3
12				
14				

c)

+	2	4	6	8
5				
				14

d)

+	16	13	10	7
4				
				9

3 a)

12 − ☐ = 7

b) Rechne!

13 − ☐ = 8   16 − ☐ = 8   ☐ − 5 = 7

11 − ☐ = 7   14 − ☐ = 6   ☐ − 4 = 9

16 − ☐ = 9   12 − ☐ = 9   ☐ − 7 = 8

15 − ☐ = 6   11 − ☐ = 3   ☐ − 2 = 9

c) Begründe immer deine Ergebnisse!

4 a) 9 + ☐ = 20   17 − ☐ = 4

18 − ☐ = 6   5 + ☐ = 19

b) ☐ + 8 = 13   ☐ − 5 = 12

☐ − 6 = 14   ☐ + 11 = 15

1 jeweils 4 Aufgaben zu einer Aufgabenfamilie zusammenstellen und rechnen
2 Aufgaben in Tabellenform erkennen und lösen, Rechenmuster beschreiben
3/4 Gleichungen lösen, Lösungszahlen durch Einsetzen und Nachrechnen prüfen

→ AH S.51 → ÜH S.48/49

Addieren und Subtrahieren

1 a)

13 + 3 =
17 − 7 =
5 + 9 =
15 − 9 =
6 + 8 =

b)

5 + 6 =
18 − 9 =
8 + 7 =
19 − 9 =
13 − 9 =

c)

20 − 9 =
16 − 14 =
11 + 8 =
7 + 6 =
13 − 12 =

L: 1, 2, 3, 4, 6, 9, 10, 10, 11, 11, 13, 14, 14, 15, 16, 19

2 a)

9 + 9 =
8 + 8 =
7 + 7 =
6 + 6 =
5 + 5 =

b)

18 − 9 =
9 + 8 =
17 − 7 =
10 + 6 =
16 − 5 =

c)

19 − 7 =
18 − 6 =
8 + 6 =
9 + 5 =
17 − 5 =

Was fällt dir auf?

3 Welche 2 Aufgaben bilden immer ein Paar? Rechne und begründe!

5 + 3	10 + 3	50 + 50
12 + 7	6 + 4	3 + 4
20 + 3	16 + 4	15 + 3
2 + 7	5 + 5	13 + 4

4 a)

b) Erfinde für deinen Nachbarn Zahlenmauern! Rechnet!

1 *Aufgaben selbstständig rechnen und einschätzen, welche Aufgaben noch schwerfallen*

2–4 *Aufgaben selbstständig rechnen und Aufgabenstrukturen beschreiben*

Geldwerte bis 20 Cent und 20 Euro

1 Erkunde, was auf dem Schein und der Münze zu sehen ist!

a) 

b) 

2 Lege und sortiere nach Euro und Cent!
Wie viel Euro, wie viel Cent sind es?

☐ €	
☐ ct	

3

4 Lege 20 €

a) mit wenigen Münzen,

b) mit wenigen Scheinen,

c) mit wenigen Münzen und wenigen Scheinen,

d) mit vielen Münzen,

e) mit vielen Scheinen,

f) mit vielen Scheinen und vielen Münzen!

10 € + 5 € + 5 € = 20 €

5 15 € sind mein! – Was kann sein?

1 Schein 6 Münzen	2 Scheine 3 Münzen	1 Schein 5 Münzen

1 *Darstellungen auf Geldscheinen und Münzen beschreiben und erläutern*
2/3 *Geldbeträge legen und erfassen*
4/5 *Geldbeträge auf verschiedene Weise legen*

→ **AH** S.54 → **ÜH** S.51/52

Rechnen mit Geldwerten

1 Auf dem Jahrmarkt

Erzähle Rechengeschichten! Schreibe Rechenaufgaben!

Bild beschreiben, verschiedene Rechengeschichten erzählen, passende Aufgaben zuordnen und mit Geldbeträgen rechnen

Lena, Mia und Mark besuchen den Jahrmarkt.
Jeder hat 20 € in seiner Geldbörse.

1

Nach dem ersten Einkauf prüfen die Kinder ihre Geldbörsen.
Ordne die Geldbörsen den Kindern zu!

a) 

b) 

c) 

2

a) Wie viel Geld haben die Kinder jetzt noch übrig?

b) Was können die Kinder noch kaufen?

3

a)	b)	c)
10 € + 8 €	14 € − 3 €	16 € − 5 €
9 € + 5 €	17 € − 8 €	20 € − 9 €
14 € + 6 €	18 € − 9 €	19 € − 9 €
13 € + 4 €	12 € − 7 €	11 € − 3 €

4 Was kannst du auf dem Jahrmarkt kaufen? Gestalte ein Blatt!

a) 

b) 

c) 

1/2 *Texte verstehen, kritisch hinterfragen und Zusammenhänge erklären*
2–4 *mit Geldbeträgen rechnen (mit und ohne Material)*
4 *Gegenstände oder Fahrkarten zu den Geldbeträgen aufmalen, kleben oder aufschreiben*

→ **AH** S.55 → **ÜH** S.53

Rechnen mit mehr als zwei Zahlen

1 7 4 3

a) Lege mit Karten! Bilde Aufgaben und rechne!

☐ + ☐ + ☐ = ☐

b) Bilde Plus-Aufgaben!

8 2 4 — 7 6 4

8 9 1 — 8 3 7

2 Rechne mit Pfiff!

a) 5 + 4 + 6 = ☐
8 + 3 + 5 = ☐
3 + 6 + 4 = ☐

b) 9 + 3 + 1 = ☐
7 + 5 + 5 = ☐
6 + 4 + 9 = ☐

c) 2 + 7 + 3 = ☐
1 + 4 + 9 = ☐
2 + 11 + 7 = ☐

3 Erzähle, bilde Aufgaben und rechne!

a) 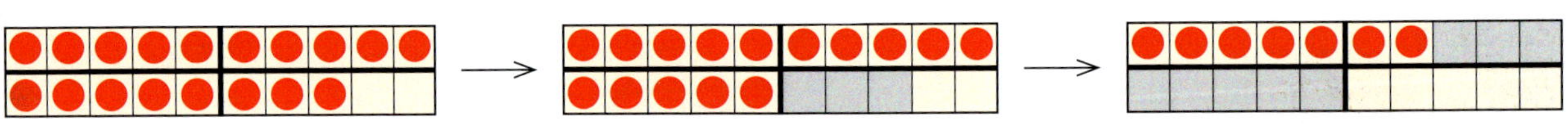

18 — ☐ − ☐ = ☐ — ☐ − ☐ = ☐

b) 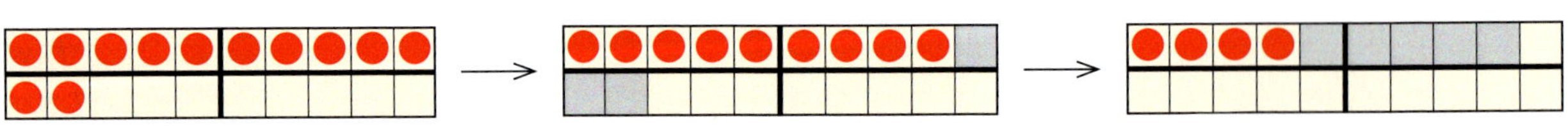

☐ — ☐ − ☐ = ☐ — ☐ − ☐ = ☐

c) 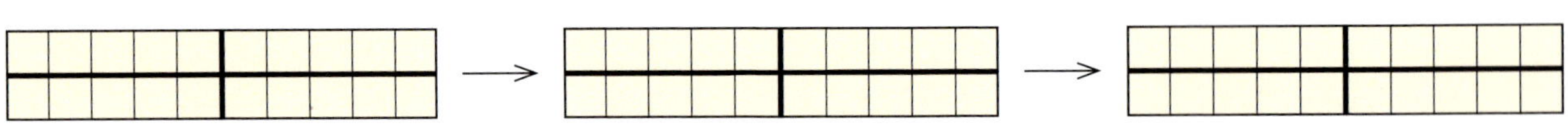

☐ — ☐ − ☐ = ☐ — ☐ − ☐ = ☐

4

a) 16 − 8 − 6 = ☐
13 − 4 − 3 = ☐
11 − 6 − 3 = ☐
12 − 4 − 2 = ☐

b) 16 − 8 − 7 = ☐
17 − 4 − 7 = ☐
19 − 6 − 5 = ☐
16 − 7 − 1 = ☐

c) 20 − 9 + 5 = ☐
3 + 8 − 4 = ☐
17 − 5 + 3 = ☐
16 − 6 + 7 = ☐

L: 1, 2, 2, 6, 6, 6, 7, 7, 8, 8, 15, 16, 17

1–5 *Rechenwege beschreiben, Aufgaben lösen, Rechenvorteile erkennen und nutzen*

→ AH S.56 → ÜH S.54

Entdeckungen auf Zahlenfeldern

1 Entdecke Rechenmuster auf Lisas Zahlenfeld!

1	8	5	4
2	7	6	3
3	6	7	2
4	5	8	1

Anne sucht Zweierfelder mit Nachbarzahlen:

1
2

5	4

Wie viele Zweierfelder kann sie finden?

Paul erkundet „Schräge“:

1			4
	7	6	
	6	7	
4			1

Was kann er entdecken?

Wisam rechnet so:

5	–	4	=	1
6	–	3	=	
	–		=	

Setze so fort!

Was kann Lena meinen?

2 Welche Rechenmuster entdeckst du hier?

a)

2	4	6	8
7	6	3	2
8	5	4	1
1	3	5	7

b)

		1		
	2	3	4	
1	3	5	3	1
	2	3	4	
		1		

c)

			10
		9	6
	8	5	3
7	4	2	1

d) Gestalte ein Blatt mit deinen Entdeckungen!

1/2 *Rechenmuster auf Zahlenfeldern erkennen, beschreiben und zugehörige Aufgaben rechnen*

→ AH S.57 → ÜH S.55

Aufgabenbriefe

1 Die Kinder aus Leas Gruppe haben Aufgabenbriefe geschrieben.
Sprecht über die Briefe!

2 Schreibt auch Aufgabenbriefe!

Tipps zum Schreiben von Aufgabenbriefen

- Denke an die Anrede!
- Schreibe sehr sauber!
- Schreibe Plus- und Minus-Aufgaben!
- Überlege gut, ob dein Briefpartner die Aufgaben lösen kann!
- Denke an den Briefabschluss!
- Gestalte deinen Brief schön!

1 über die Inhalte, die Bedeutung und die Organisation des Schreibens von Aufgabenbriefen gemeinsam sprechen, die abgebildeten Aufgabenbriefe beschreiben

2 Aufgabenbriefe unter Nutzung der Tipps und des Beispielbriefes schreiben, Briefe gestalten und mit anderen Kindern austauschen

→ ÜH S.56

Üben von Station zu Station

Suche dir Stationen aus!

Station 1 Nachbaraufgaben

a)

5 + 7 = ☐ 5 + 9 = ☐

5 + 8 = ☐

4 + 8 = ☐ 6 + 8 = ☐

b)

14 − 5 = ☐ 14 − 7 = ☐

14 − 6 = ☐

13 − 6 = ☐ 15 − 6 = ☐

c) Schreibe immer 4 Nachbaraufgaben von 8 + 6, 13 − 5 und rechne!

Station 2 Sachaufgaben

Lies, stelle Fragen, rechne und antworte!

Tim kauft sich ein Spiel für 6 Euro.
Er bezahlt mit einem 20-Euro-Schein.

Hanna hat 7 Euro.
Nils hat 5 Euro mehr als Hanna.

Ich lege mit Rechengeld.

Station 3 Rechnen mit Pfiff

a) 2 + 8 + 5 = ☐

3 + 9 + 7 = ☐

b) 15 − 8 − 5 = ☐

18 − 9 − 1 = ☐

c) 8 + 6 − 6 = ☐

5 + 8 − 5 = ☐

Station 4 Aufgabenfamilien

a)

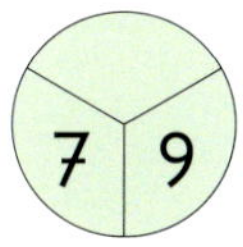

b)

c)

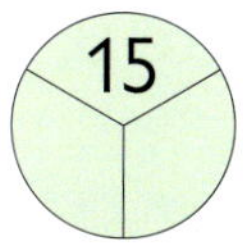

d)

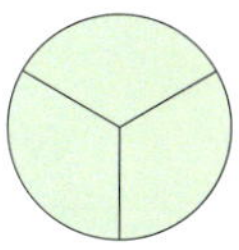

Schreibe immer alle 4 Aufgaben!

Station 5 Figuren legen

Lege ein Bild aus 7△, 3▭, 2□ und 2○!

Station 6 Aufgabenbriefe

Schreibe einen Aufgabenbrief mit deinen Lieblingsaufgaben!

Aufgaben der Übungsstationen von den Kindern selbst auswählen und lösen oder die Übungsstationen nacheinander bearbeiten lassen

→ **AH** S. 58 → **ÜH** S. 57

Das kann ich schon! Rechnen bis 20

Plus-Aufgaben

1 a) Rechne!

11 + 9 = ☐
12 + 8 = ☐
13 + 7 = ☐
14 + 6 = ☐

b) Setze so fort! Entdecke Muster!

6 + 7 = ☐
7 + 6 = ☐
8 + ☐ = ☐
☐ + ☐ = ☐

c) Bilde verschiedene Rechenmuster!

☐ + ☐ = 15
☐ + ☐ = 15
☐ + ☐ = 15
☐ + ☐ = 15

Minus-Aufgaben

2 a) Rechne!

17 − 1 = ☐
17 − 2 = ☐
17 − 3 = ☐
17 − 4 = ☐

b) Setze so fort! Entdecke Muster!

20 − 2 = ☐
19 − 2 = ☐
18 − ☐ = ☐
☐ − ☐ = ☐

c) Bilde Rechenmuster!

☐ − ☐ = 8
☐ − ☐ = 9
☐ − ☐ = 10
☐ − ☐ = ☐

Tauschaufgaben

3 a) 14 + 2 = ☐
2 + 14 = ☐

b) 3 + 9 = ☐
☐ + ☐ = ☐

c) 14 = ☐ + ☐
14 = ☐ + ☐

Umkehraufgaben

4 a) 13 + 5 = ☐
18 − 5 = ☐

b) 8 + 5 = ☐
☐ − ☐ = ☐

c) Erfinde zu 4b) eine Geschichte!

Rechnen mit 0

5 a) 12 + 0 = ☐
12 − 0 = ☐
12 − 12 = ☐

b) 16 + ☐ = 16
☐ − 0 = 20
11 − ☐ = 0

c) Ergänze! Ich erhalte 0, wenn …

6 Schreibe Aufgaben, die dir noch schwerfallen!

☐ den erreichten Lernstand gemäß den Anforderungsbereichen der Bildungsstandards erfassen (**a**) entspricht immer dem Anforderungsbereich I – Reproduzieren, **b**) stets dem Anforderungsbereich II – Zusammenhänge erkennen, **c**) dem Anforderungsbereich III – Verallgemeinern, Begründen)

→ AH S.59 → ÜH S.58/59

Rechen-tabellen

1 a)

+	8	9	10
4			
7			
5			

b)

−	5		7
17		14	
13			
	9		

c)

+			
	6	7	8
	7		
	8		

Rechen-befehle

2 a) 17 $\xrightarrow{+3}$ ☐   13 $\xrightarrow{-4}$ ☐

b) 8 $\xrightarrow{+☐}$ 15   12 $\xrightarrow{-☐}$ 7

c) ☐ $\xrightarrow{-2}$ 12   ☐ $\xrightarrow{+5}$ 13

Geld-beträge

3 a) 12 € + 5 € = ☐ €
19 € − 4 € = ☐ €
11 € − 8 € = ☐ €

b) 17 € + ☐ € = 20 €
15 € − ☐ € = 8 €
6 € + ☐ € = 13 €

c) Lege 20 ct mit
- 4 Münzen,
- 6 Münzen!

Dreiecke Vierecke Kreise

4 a) Ordne nach Formen!

b) Male Bilder von Dreiecken und Kreisen aus deiner Umwelt!

c) Zeichne ein Muster aus Dreiecken, Vierecken und Kreisen!

Sach-aufgaben

5 a) Lea hat 19 €. Sie kauft für ihre Oma ein Geschenk für 8 € und Blumen für 5 €. Wie viel Geld muss sie bezahlen?

b) Wie viel Geld bleibt Lea übrig?

c) Mit welchen Münzen und Scheinen könnte man den Restbetrag legen? Finde verschiedene Möglichkeiten!

*den erreichten Lernstand gemäß den Anforderungsbereichen der Bildungsstandards erfassen (**a**) entspricht immer dem Anforderungsbereich I – Reproduzieren, **b**) stets dem Anforderungsbereich II – Zusammenhänge erkennen, **c**) dem Anforderungsbereich III – Verallgemeinern, Begründen)*

→ **AH** S.59 → **ÜH** S.58/59

Zählen und Rechnen über 20 hinaus

Zählen über 20 hinaus

1 Wie viele Tiere sind es?

2 Zähle in Zehnerschritten!

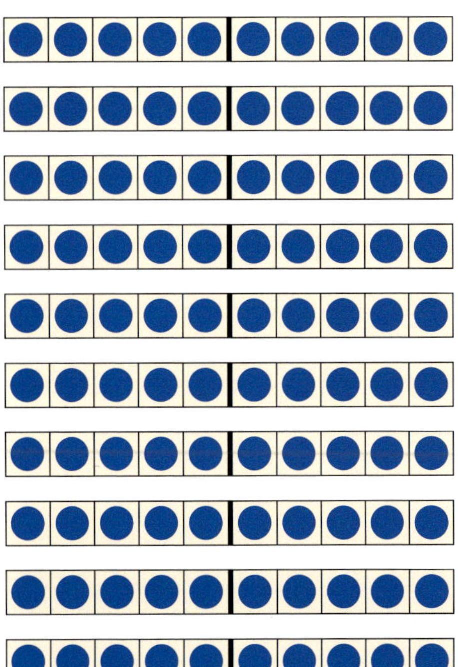

10
20
30
40
50
60
70
80
90
100

3 Bis zu welcher Zahl kannst du zählen?

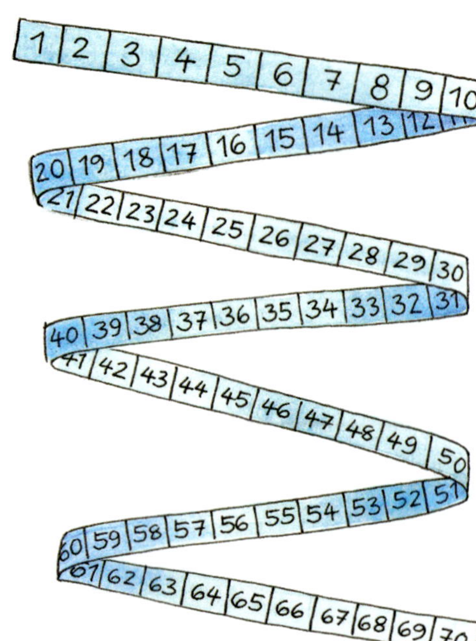

1 Bild unter Verwendung von „links“, „rechts“, „vorn“, „hinten“, „oben“, „unten“ beschreiben, Anzahl der Tiere zuerst schätzen, dann zählen

2 Zehnerzahlen mit Hilfe von Zehnerstreifen erarbeiten
3 Zählkompetenzen der Kinder erfassen

→ AH S.60 → ÜH S.60

Mini-Projekt: Figuren- und Zahlenmuster im Alltag

1 a) Maria und Ron haben Muster bei Pfauen erkundet:

b) Wie viele Federn mit Augen kannst du zählen?

2 a) Anne und Tim haben Muster bei Verpackungen entdeckt:

b) Wie viele sind es immer?

3 a) Lea und Franz haben Muster auf Spielen erkundet:

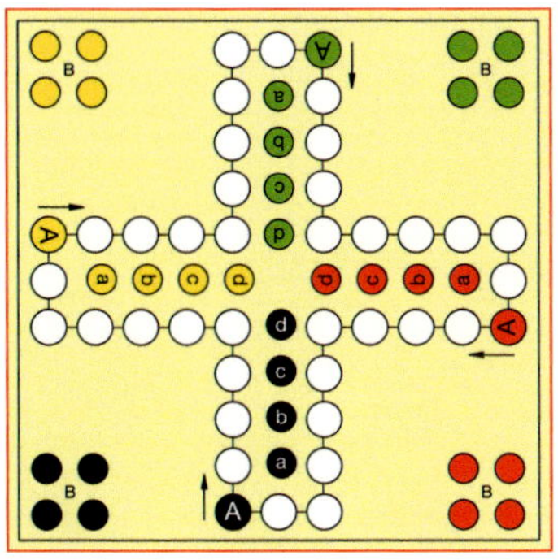

b) Beschreibt die Muster! Wie viele Felder sind auf jeder Spielfläche?

4 Klebe oder male Bilder mit Figuren- und Zahlenmustern auf ein Blatt!

1–3 *jeweilige Zahlenmuster beschreiben und analysieren, Anzahlen durch Schätzen und genaues Zählen ermitteln*

→ **AH** S.61 → **ÜH** S.60

Verdoppeln

1 Erzähle!

6

6 + ☐ = ☐

2 Verdopple!

a)

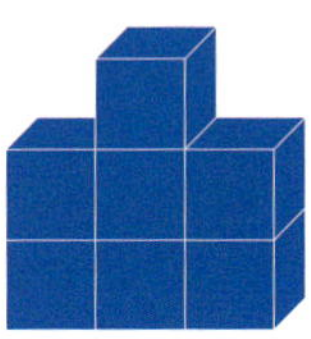

☐ + ☐ = ☐

☐ + ☐ = ☐

☐ + ☐ = ☐

b)

Ich baue einen Würfelturm.

Ich verdopple und nenne die Rechenaufgabe!

3 Verdopple mit dem Spiegel!

4 a)

Zahl	2	0	6				
das Doppelte				18	20		

b) Welche Zahl ist das Doppelte von 11 (12, 13, …)?

1 *Bilder beschreiben, Aufgaben zuordnen und rechnen, Verdoppeln erklären*

2/3 *mit Legematerial und Spiegel verdoppeln und passende Gleichungen zuordnen*

4 *Zahlen verdoppeln, dabei ggf. Legematerial nutzen*

→ AH S. 62

Zahlenfolgen

1 Zähle in Schritten!

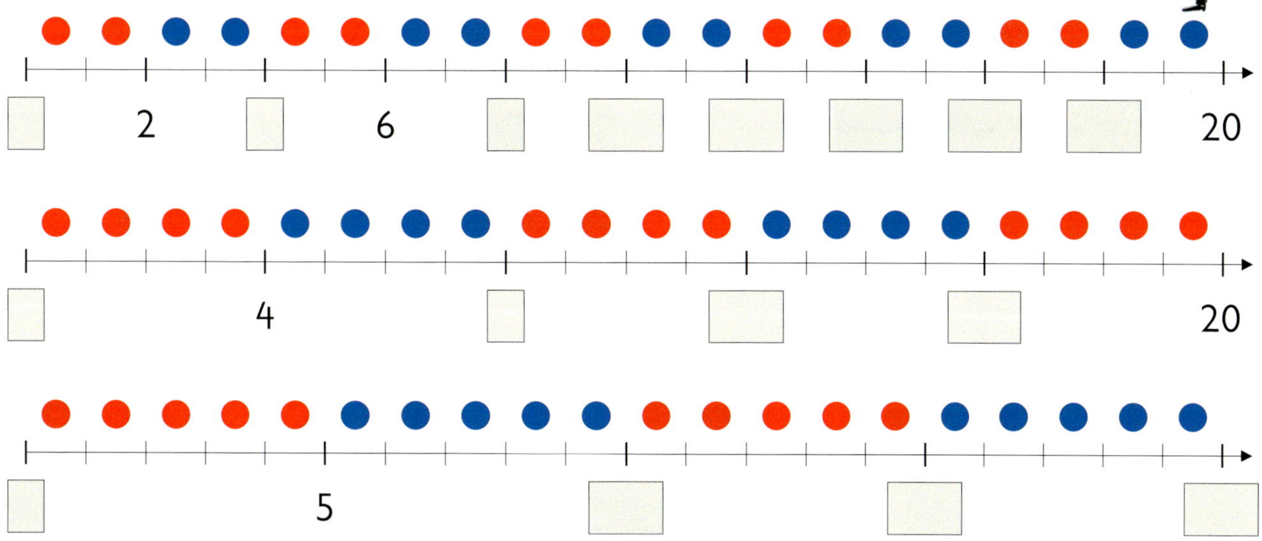

2 Baue nach! Ordne Zahlen zu!

a)

b)

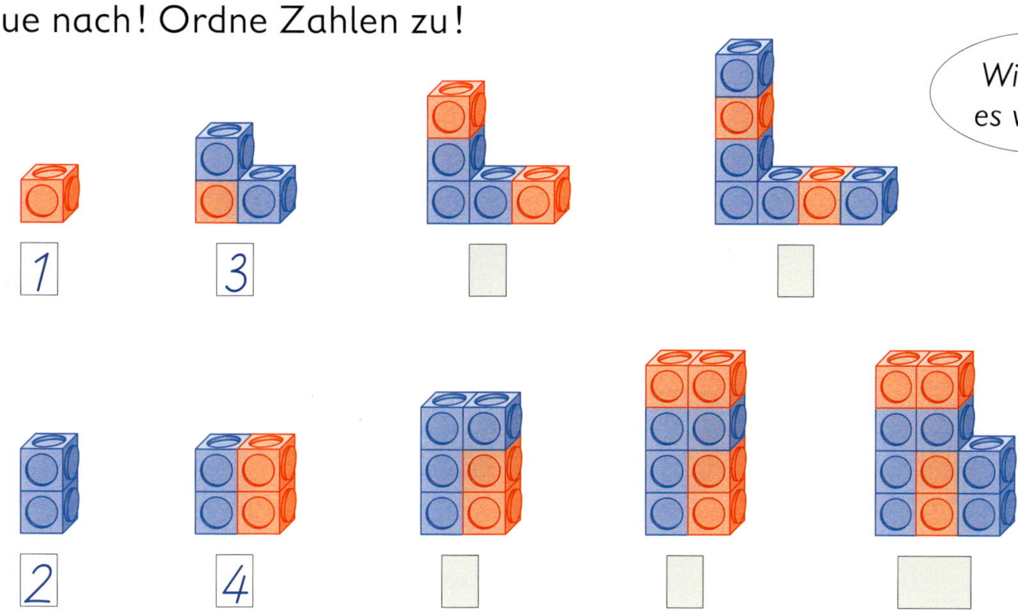

3 Wer 10 erreicht, der gewinnt.

Spielregel
Legt abwechselnd ein oder zwei Plättchen!
Beginnt hier!

1/2 *Muster der Zahlenfolgen erkennen und passende Regeln angeben*

3 *nach der Spielregel mit Plättchen mehrfach spielen und Gewinnstrategie entdecken*

→ **AH** S. 63

Rechenmuster

1 Bilde Plus-Aufgaben und rechne!

a) 

b) 

2 Wie viele?

a) 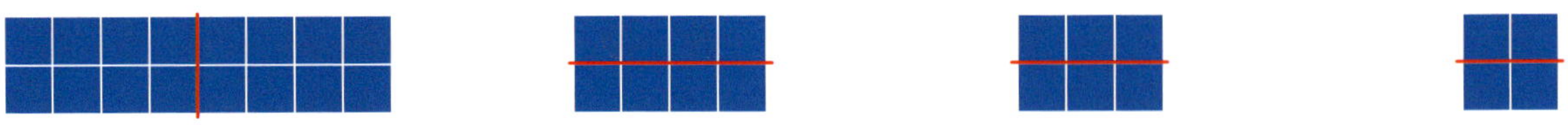

☐ + ☐ = ☐   ☐ + ☐ = ☐   ☐ + ☐ = ☐   ☐ + ☐ = ☐

b) Male zu den Aufgaben Muster!

$5 + 5 =$ ☐ $4 + 4 =$ ☐ $7 + 7 =$ ☐ $8 + 8 =$ ☐

3 **Ratespiel**

4

a) $17 - 2 =$ ☐
$20 - 0 =$ ☐
$12 - 6 =$ ☐

b) $14 - 7 =$ ☐
$10 - 5 =$ ☐
$18 - 0 =$ ☐

c) $9 - 7 =$ ☐
$8 - 6 =$ ☐
$19 - 7 =$ ☐

L: 2, 2, 5, 6, 7, 10, 12, 15, 18, 20

5 Wie viel Cent sind es immer?

a) 

b) 

c) 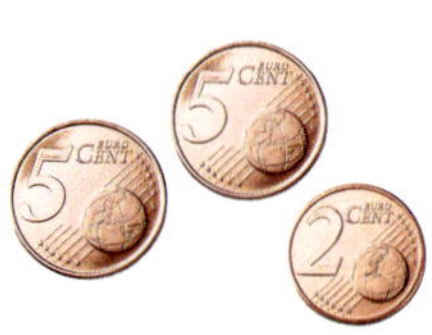

d) 

1–3 *Rechenmuster in der Umwelt und in geometrischen Figuren erkennen und beschreiben, Rechenaufgaben lösen und den Aufgaben passende Muster zuordnen*

Station 1 Zahlenhäuser

a)

☐
10 + 5
18 − 3
9 + 6
19 − 4
7 + 8

b)

10
☐ − 8
9 + ☐
☐ − 5
7 + ☐
☐ − 6

c)

☐

Station 2 Punktmuster

a) ☐

b) ☐

c) ☐

d) ☐

e) ☐

f) ☐

Station 3 Wie viel Geld?

a) Paul hat eine Euro-Münze.

Lisa hat eine Cent-Münze.

b) Anna hat zwei Euro-Münzen.

Jan hat zwei Cent-Münzen.

Finde zu jeder Aufgabe mehrere Möglichkeiten!

Suche dir Stationen aus!

Station 4 Unsere Gruppen

a) Erzähle!

	Alis Gruppe
Mädchen	👓 👓 👓
Jungen	👓 👓

	Mias Gruppe
Mädchen	𝍸
Jungen	|

b) Erkunde und male für deine Gruppe!

– Wie viele Kinder tragen eine Brille und wie viele keine? 👓

– Wie viele Kinder haben **braune**, wie viele **schwarze** und wie viele **blonde** Haare?

Aufgaben der Übungsstationen von den Kindern selbst auswählen und lösen oder die Übungsstationen nacheinander bearbeiten lassen

Halbieren

1

2 Baue nach! Halbiere die Würfelanzahl!

a) 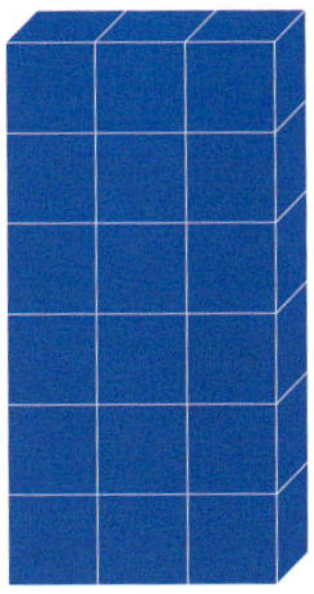

☐ – ☐ = ☐

b) 

☐ – ☐ = ☐

c) 

☐ – ☐ = ☐

d) 

3 Halbiere die Punktmuster!

a) b) c) d)

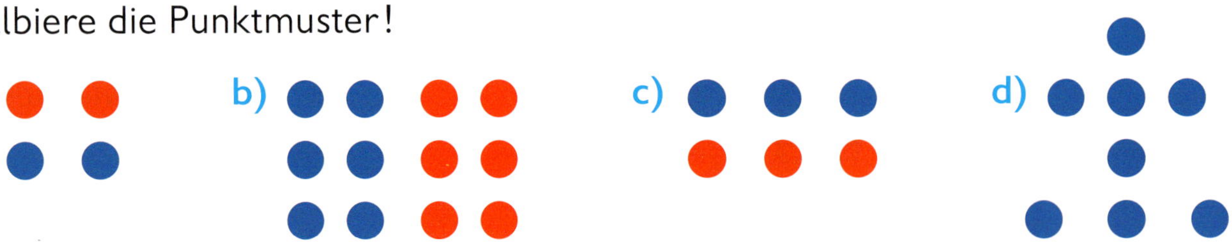

4

Zahl	2	4	6				8	12		
die Hälfte				5	7	9				

1 *Bilder beschreiben, Aufgaben zuordnen und rechnen, Halbieren erklären*
2 *Nachbauen, Würfelanzahlen halbieren, rechnen*
4 *gegebene Zahlen halbieren und umgekehrt verdoppeln*

→ AH S. 64

Zahlenfolgen

1 a) Lege nach! Ordne Zahlen zu!

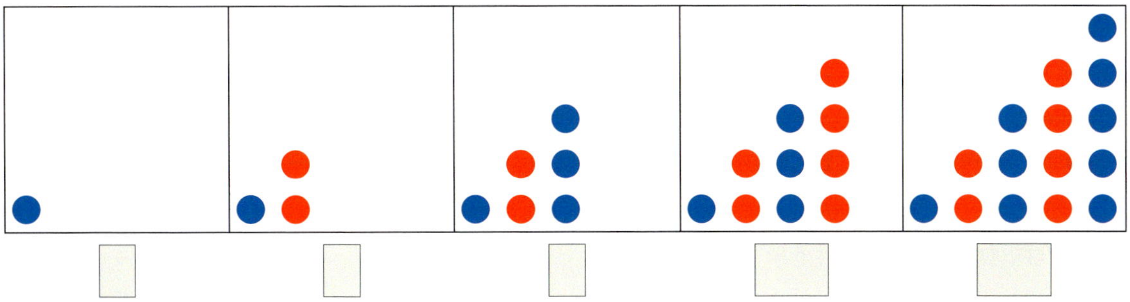

b) Setze fort!

2 a) Lege nach! Ordne Zahlen zu!

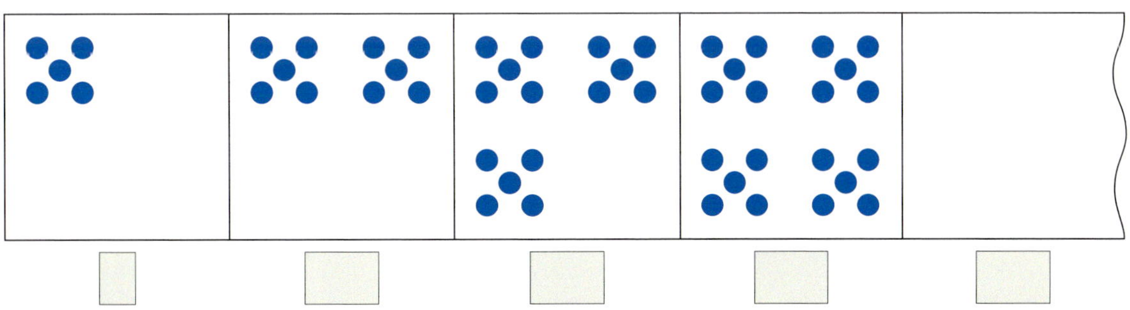

b) Setze fort!

3 a) Lege nach! Setze fort!

b) Ergänze!

/	4	7		
□	1		3	

4 Erfinde selbst ein Muster! Lege oder male es!

5

a) 3 + 4 = ☐
6 + 0 = ☐
1 + 8 = ☐

b) 2 − 1 = ☐
10 − 3 = ☐
9 − 7 = ☐

c) 4 + 5 = ☐
5 − 0 = ☐
2 + 6 = ☐

d) 1 + 2 + 3 = ☐
9 − 2 − 4 = ☐
5 − 4 + 8 = ☐

1–4 *Muster erkennen und beschreiben, Zahlenfolgen mit Hilfe von Plättchen und Stäben fortsetzen*

→ AH S. 63 / 64

Rechnen mit gleichen Zahlen

1 a)

3 + 3 = ☐	20 − 10 = ☐
4 + 4 = ☐	18 − 9 = ☐
5 + 5 = ☐	16 − 8 = ☐
6 + 6 = ☐	14 − 7 = ☐

b)

2 + 2 + 2 = ☐	6 − 3 − 3 = ☐
3 + 3 + 3 = ☐	8 − 4 − 4 = ☐
4 + 4 + 4 = ☐	☐ − 5 − 5 = 0
5 + 5 + 5 = ☐	☐ − 6 − 6 = 0

c) Was fällt dir auf?

2 Lege immer die gleiche Münze oder den gleichen Schein dazu! Ergänze!
Wie weit kommst du?

	2 € + 2 € = ☐ €	4 € + 2 € = ☐ €	☐ € + …
	5 € + 5 € = ☐ €	10 € + 5 € = ☐ €	☐ € + …

3 Schreibe Aufgaben und rechne!

a) 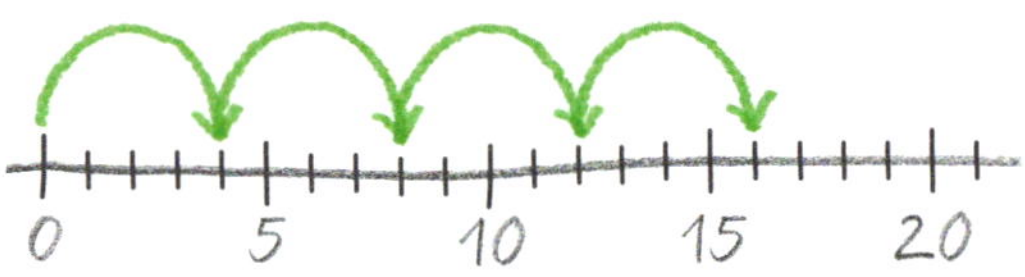

b) 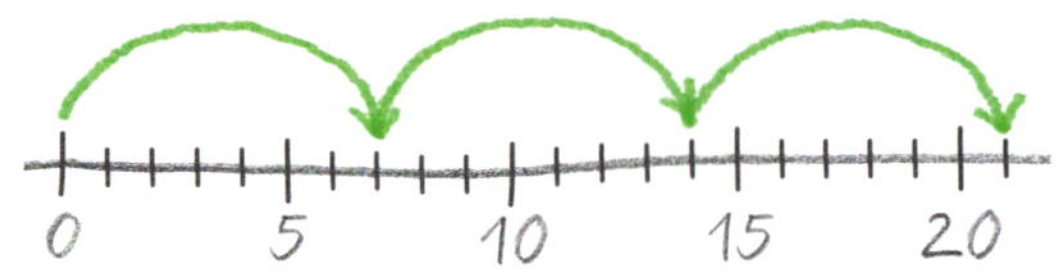

4 **Wer ist der Zielzahl am nächsten?**

Zielzahl	9	10			
Tim					
Alina	1				

Ich habe eine 6 gewürfelt.

Tim

6	+	6
4	+	4

Ich habe eine 4 gewürfelt.

Alina

Spielregel
Legt eine Zielzahl fest!
Würfelt mit einem Würfel und verdoppelt die Augenzahl!
Wer der Zielzahl am nächsten ist, erhält einen Punkt.
Sieger ist der Spieler mit den meisten Punkten.

1 *Aufgaben lösen, Zusammenhänge beschreiben*
2 *immer gleiche Geldbeträge dazulegen, passende Aufgabenfolgen bilden*
3 *Aufgaben auf Rechenstrichen angeben und lösen, selbst weitere solche Aufgaben darstellen*
4 *Rechenspiel mehrfach spielen, über Spielstrategien sprechen*

1 Ordne zu und rechne!

8 + 8	12 − 6	3 + 3 + 3	6 + 6 + 6	14 − 7	20 − 10 − 10

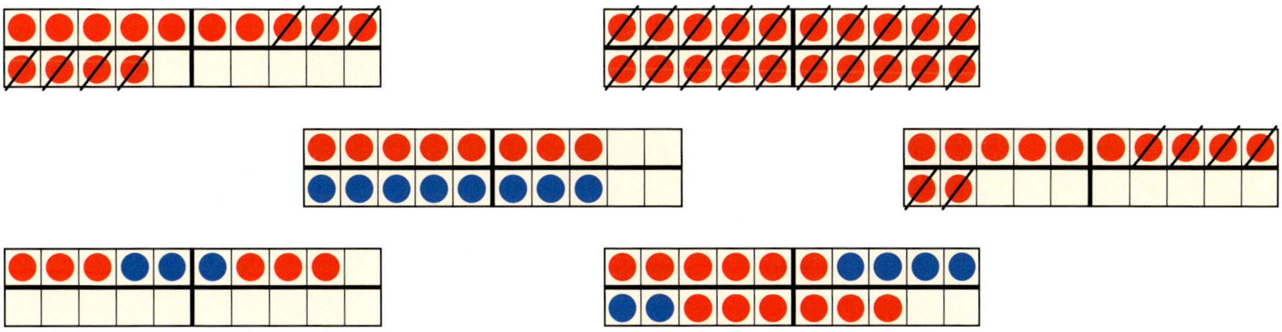

2 Rechne und setze fort!

a) 20 − 5 = ___
15 − 5 = ___
10 − 5 = ___

b) 21 − 3 = ___
18 − 3 = ___
15 − 3 = ___

c) 24 − 4 = ___
20 − 4 = ___
___ − 4 = ___

d) 20 − 2 = ___
___ − 2 = ___
___ − 2 = ___

3 Bilde Aufgaben und rechne!

a)

b)

c)

d) Male passende Bilder und erzähle Rechengeschichten!

2 + 2 + 2 + 2 + 2 = ___
7 + 7 = ___
4 + 4 + 4 = ___

1 *den Aufgaben passende Bilddarstellungen zuordnen*
2 *Aufgaben lösen, Rechenmuster beschreiben und Aufgabenfolgen fortsetzen*
3 *den Bildern Daten entnehmen, passende Aufgaben zuordnen sowie umgekehrt zu vorgegebenen Gleichungen passende Sachverhalte erfinden*

Linien, Punkte und Strecken

1 Erzähle! Finde gerade und gekrümmte Linien!

2 Zeichne gerade und gekrümmte Linien!

3 a) Beschreibe, wie die Figuren entstanden sind!

b) Gestalte ein Musterblatt mit geraden und gekrümmten Linien!

1/2 *gerade und gekrümmte Linien unterscheiden, Unterschiede erläutern, gerade und gekrümmte Linien zeichnen*

3 *Muster aus geraden und gekrümmten Linien untersuchen und herstellen*

→ AH S.65 → ÜH S.61

1 **a)** Falte ein Blatt Papier zweimal ungefähr so:

Wenn zwei Linien sich schneiden, entsteht ein Punkt.

b) Falte es ein drittes Mal ungefähr so:

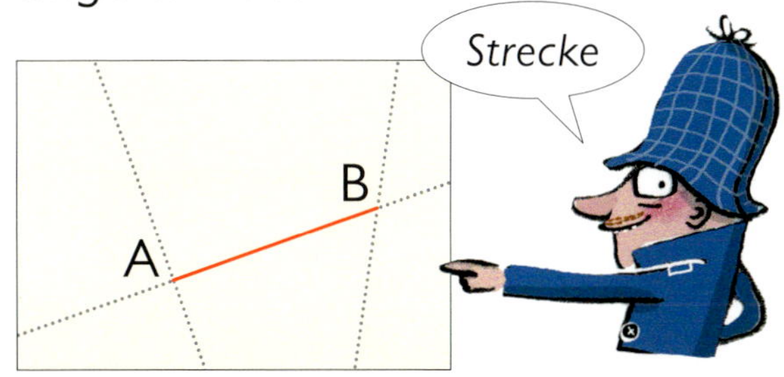

Wenn man zwei Punkte durch eine gerade Linie verbindet, entsteht eine Strecke.

c) Falte Papier so, dass du verschiedene Strecken erhältst! Zeichne sie nach!

2 **a)** Verbinde Punkte zu Strecken! Vergleiche!

b) Welche Maus ist schneller beim Käse? Zeichne die Wege und begründe!

3 **a)** Zeige Strecken im Klassenzimmer! Vergleiche!

b) Finde lange und kurze Strecken!

c) Finde gleich lange Strecken!

1 *Begriffe „Strecke“ und „Punkt“ und die Form ihrer geometrischen Darstellung und Bezeichnung kennen lernen*

2–5 *Strecken zeichnen, ihre Längen ermitteln und miteinander vergleichen (unter Verwendung von „ist kürzer als“, „ist gleich lang“, „ist länger als“)*

→ **AH** S.65 → **ÜH** S.61

Meter und Zentimeter

1 Was weißt du schon darüber?

2 Vergleiche die Längen deiner Stifte!

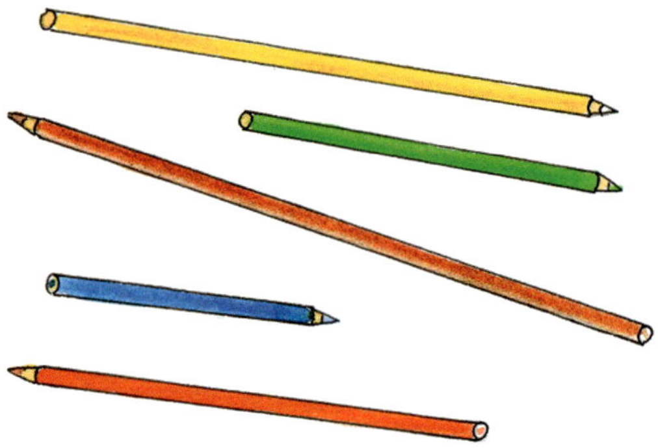

3 Miss mit deiner Fingerbreite!

Was?	Fingerbreite
Heft	20
Füller	12
Radiergummi	

4 a) Messt die Länge des Schulflures wie die Kinder aus Annas Gruppe!

	Füße	Schritte
Anna	62	
Tim	65	
Lena	59	

b) Messt die Länge auch mit anderen Körpermaßen!

c) Wie kann man genauer messen?

1 *Vorwissen der Kinder zu Längenangaben und zum Messen von Längen erfassen und sich hierüber austauschen*

2–4 *Längen durch direktes Aneinanderlegen und mit Hilfe nicht-genormter Einheiten (Fingerbreiten, Fußlängen) vergleichen, Messergebnisse diskutieren*

→ AH S.66

1 **a)** Beschreibe!

ein Zentimeter (1 cm)
ein Meter (1 m)
100 cm = 1 m

b) Stelle aus Papierstreifen ein 1 m langes Maßband her!

2 Nenne Gegenstände, die ungefähr 1 m lang sind!

3 Miss mit dem Lineal!

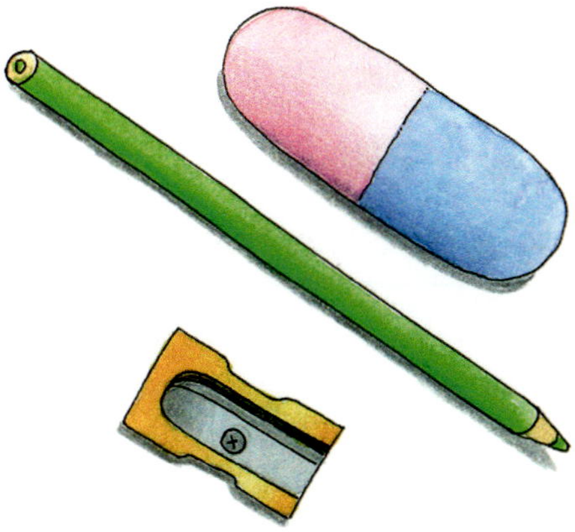

4 **a)** Schneidet Fäden von 1 m, 2 m, 5 m Länge!

b) Findet Gegenstände, die ungefähr so lang sind!

etwas kürzer	Länge	etwas länger
	1 m	
	2 m	
	5 m	

1 die genormten Einheiten Meter und Zentimeter, ihre Schreibweisen sowie die Beziehung zwischen beiden Längeneinheiten kennenlernen

2/3 Längen messen und in Metern und Zentimetern angeben

4 Repräsentanten für häufig gebrauchte Längen finden

→ AH S.66

Gerade und ungerade Zahlen

1 Bei welchen Anzahlen könnt ihr nicht die Hälfte legen?

2 Ergänze!

Zahl	1	2	3	4	5	6	7	8	9	10	11	12	13	14	15	16	17	18	19	20
halb so viel	—	1	—	2																

2, 4, ☐, ☐, ☐, ☐, ☐, ☐, ☐ und 20 sind gerade Zahlen.

1, 3, ☐, ☐, ☐, ☐, ☐, ☐, ☐ und 19 sind ungerade Zahlen.

3 Lege Plättchen für gerade und Plättchen für ungerade Zahlen!

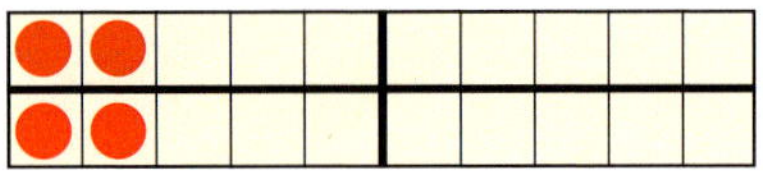 ☐ 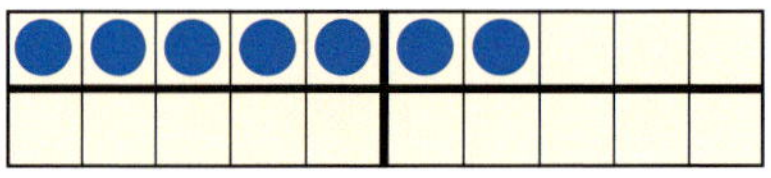 ☐

4 a) Wohin gehören die Karten?

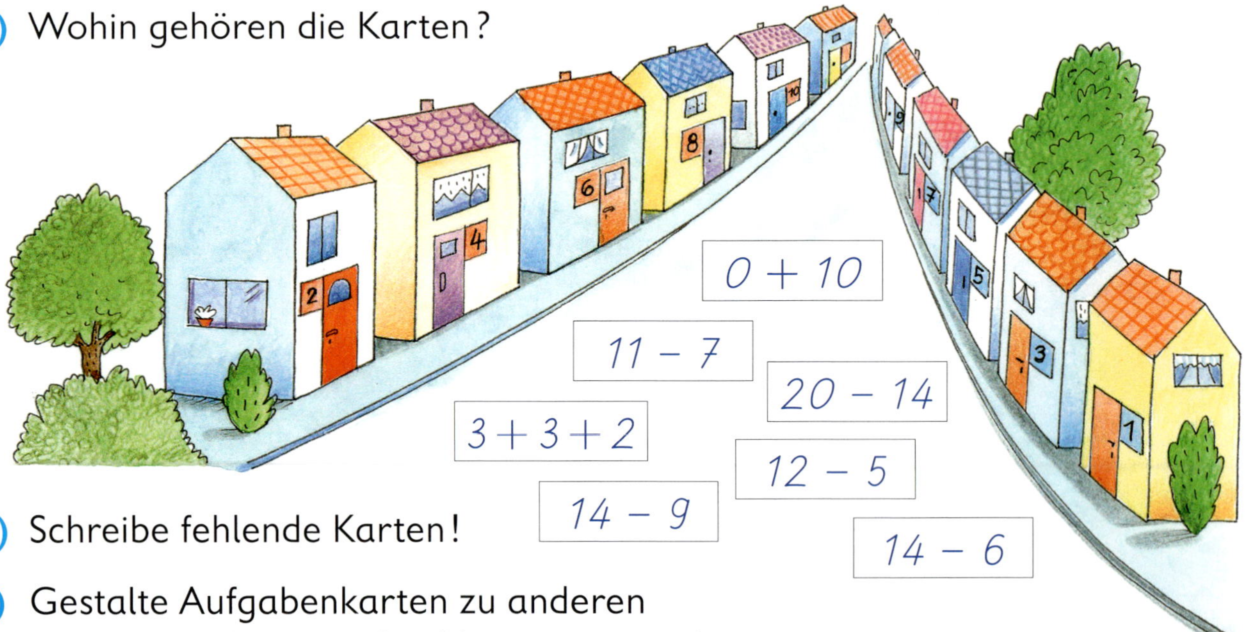

b) Schreibe fehlende Karten!

c) Gestalte Aufgabenkarten zu anderen geraden und ungeraden Hausnummern!

1/2 Erforschen, welche Zahlen man nur halbieren kann, Einführen der Begriffe „gerade Zahl" und „ungerade Zahl"

3 Erkennen, dass man nur mit einer geraden Anzahl von Plättchen eine Doppelreihe legen kann

→ AH S. 67

1 Löse die Zahlenrätsel!

a)

gerade	
kleiner als 11	größer als 9

ungerade	
kleiner als 10	größer als 8

gerade
liegt zwischen 15 und 17

b)

ungerade	
kleiner als 8	größer als 6

gerade	
kleiner als 20	größer als 15

ungerade
liegt zwischen 12 und 14

2 a) Bilde Plus-Aufgaben!

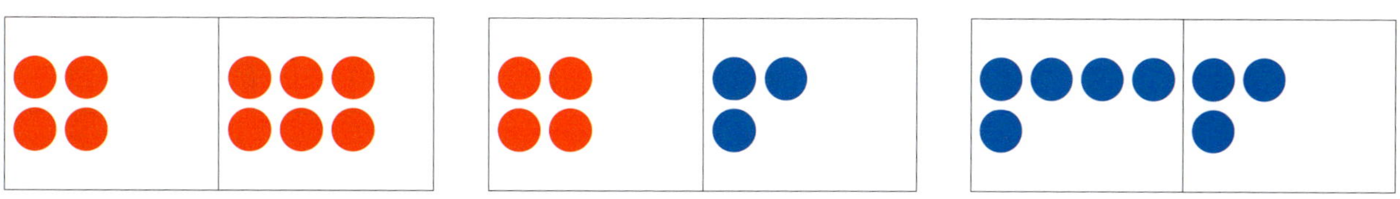

☐ + ☐ = ☐ ☐ + ☐ = ☐ ☐ + ☐ = ☐

b) Lege die Plus-Aufgaben und rechne!

2 + 12 = ☐ 14 + 5 = ☐ 9 + 9 = ☐

16 + 4 = ☐ 8 + 7 = ☐ 13 + 7 = ☐

c) Lege die Minus-Aufgaben und rechne!

10 − 8 = ☐ 17 − 8 = ☐ 15 − 7 = ☐ 12 − 5 = ☐

12 − 6 = ☐ 19 − 6 = ☐ 13 − 3 = ☐ 8 − 4 = ☐

3 Ordne von kurz nach lang!

a) 3 cm, 40 cm, 18 cm, 11 cm

b) 2 m, 50 cm, 25 cm, 1 m, 20 cm

1 *Beziehungen zwischen geraden und ungeraden Zahlen erkennen*

2 *besondere Beziehungen beim Addieren und Subtrahieren gerader und ungerader Zahlen erkunden*

→ **AH** S. 67

Rechnen mit 0, 1 und 10

1 Setze die Ziffernbausteine in die erste Reihe!
Finde viele Möglichkeiten!

2 Wähle immer 3 Steine für die erste Reihe aus!
Welche Mauer hat den größten
(kleinsten) Dachstein?

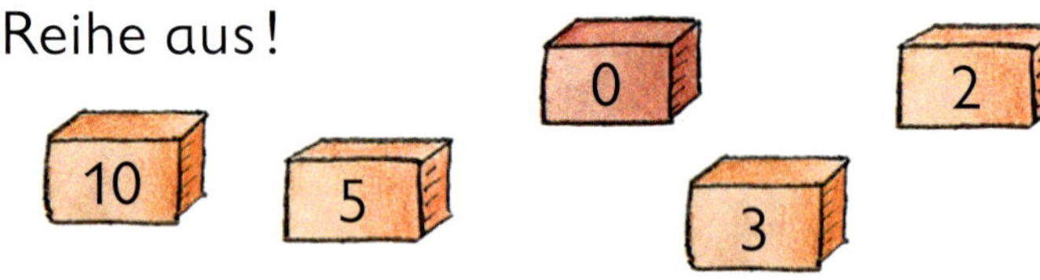

3 Baue besondere Mauern!

4 Was gehört zusammen? Begründe!

Der Einer bleibt gleich.

− 0

Ich erhalte den Nachfolger.

+ 1

Das Ergebnis bleibt gleich.

+ 10

− 10

− 1

Ich erhalte den Vorgänger.

+ 0

Nur der Zehner ändert sich.

1–3 *Zahlenmauern ergänzen und dabei Besonderheiten beim Rechnen mit 0, 1 und 10 erkennen*

4 *passende Aufgabenpaare zusammenstellen und dies begründen, dabei auch Besonderheiten beim Rechnen mit 0, 1 und 10 erkennen und nutzen*

→ **AH** S. 68

1 a) ☐ + 0 = 20
☐ + 1 = 20
☐ + 10 = 20
☐ + 20 = 20

b) 20 − ☐ = 19
16 − ☐ = 16
11 − ☐ = 1
15 − ☐ = 0

c) ☐ − 17 = 0
29 + ☐ = 30
☐ − 1 = 20
7 + ☐ = 17

L: 0, 0, 1, 1, 10, 10, 10, 15, 16, 17, 19, 20, 21

2 Lege, male oder schreibe! Nutze möglichst wenige Münzen!

Münzen			
verdoppeln			
halbieren			
verzehnfachen			

3 Erzählt Rechengeschichten!

a)

b)

c) Erfinde Rechengeschichten zu: 19 − 0 | 9 + 10 | 19 − 1

1 *Gleichungen unter Anwendung der Kenntnisse zum Rechnen mit 0, 1, 10 lösen; Lösungszahlen durch Einsetzen und Nachrechnen prüfen*

2 *Münzbeträge mit Rechengeld vervielfachen und teilen*

3 *Rechengeschichten erzählen und erfinden, auch als Partnerarbeit*

→ **AH** S.68

Rechnen bis 20 und darüber hinaus

1 Rechne! Setze immer so fort!

a)
12 + 0 = □
12 + 2 = □
12 + 4 = □
□ + □ = □

b)
8 + 0 = □
8 + 4 = □
8 + 8 = □
□ + □ = □

c)
2 + 4 + 8 = □
3 + 5 + 9 = □
4 + □ + □ = □
□ + □ + □ = □

2

a)
16 − 2 = □
18 − 4 = □
20 − 6 = □
□ − □ = □

b)
15 − 8 = □
17 − 8 = □
19 − □ = □
□ − □ = □

c)
18 − 4 − 8 = □
19 − 5 − 7 = □
20 − □ − □ = □
21 − □ − □ = □

3 Setze fort, bis du als Ergebnis eine Zehnerzahl erhältst!

a)
4 + 4 = □
4 + 4 + 4 = □
4 + 4 + 4 + 4 = □
4 + 4 + 4 + 4 + 4 = □

b)
8 + 8 = □
8 + 8 + 8 = □
8 + 8 + 8 + 8 = □
8 + 8 + 8 + 8 + 8 = □

4

a) 15 − □ > 13
□ ______

21 − □ > 19
□ ______

b) 23 > 20 + □
□ ______

20 < 24 − □
□ ______

c) □ + 20 < 22
□ ______

18 + □ < 21
□ ______

5 Wie viele Würfel sind es jeweils? Baue nach und prüfe!

a) 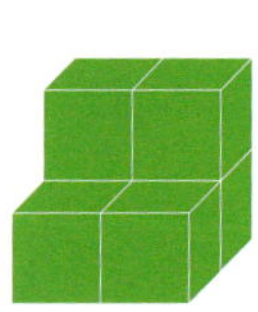

b) 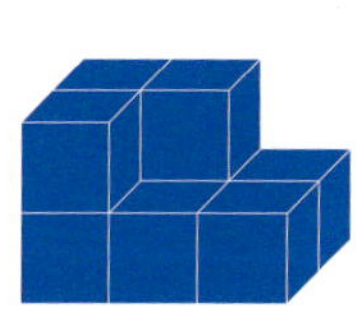

c) 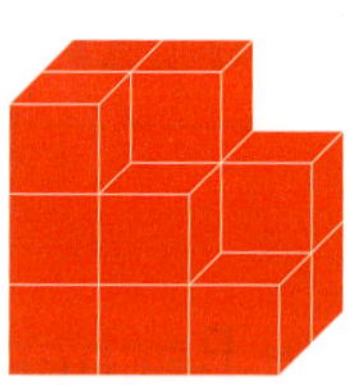

1–5 *Aufgaben selbstständig lösen, dabei über Anschauungsmittel und Lösungsstrategien entscheiden, beim Auswerten vor allem Rechenwege für Aufgaben mit Ergebniszahlen über 20 erläutern*

→ AH S.69 → ÜH S.62

1 Erkläre, wie Anne rechnet!

a) 

2 + 4 = ☐

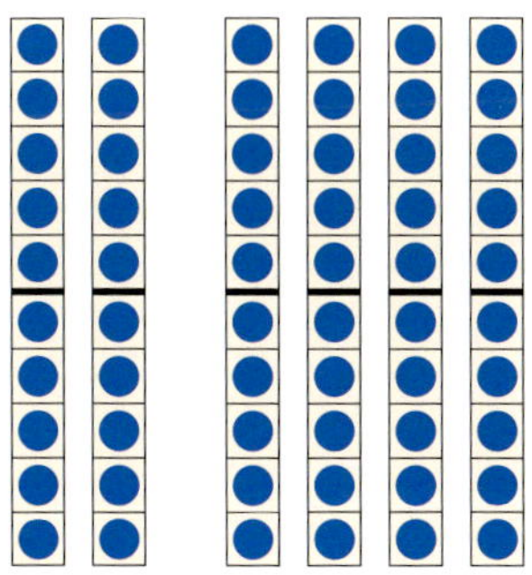

20 + 40 = ☐

b) 

5 − 2 = ☐

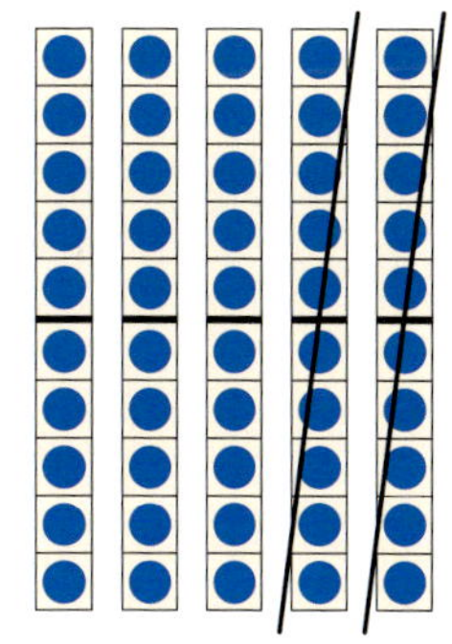

50 − 20 = ☐

2 Lege und rechne!

a)
6 + 3 = ☐
60 + 30 = ☐
2 + 5 = ☐
20 + 50 = ☐

b)
4 − 1 = ☐
40 − 10 = ☐
8 − 5 = ☐
80 − 50 = ☐

c)
10 − 5 = ☐
100 − 50 = ☐
3 + 3 = ☐
30 + 30 = ☐

3

30 + 20 = ☐

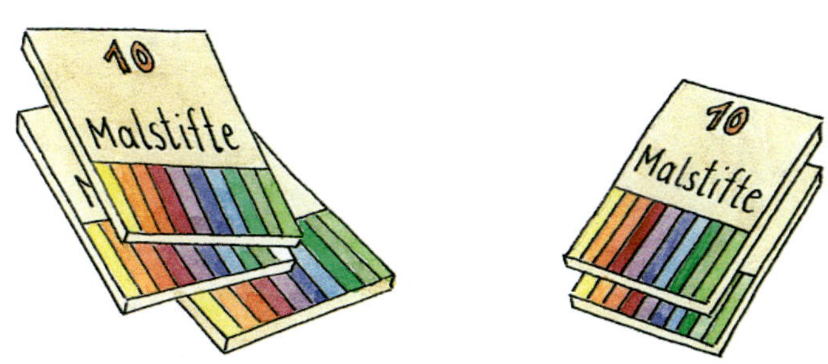

50 − 20 = ☐

4 Erzähle Rechengeschichten!

1–3 *beispielhaft das Addieren und Subtrahieren von Zehnerzahlen unter Nutzung von Legematerial und Analogiebeziehungen erarbeiten, üben und anwenden*

→ **AH** S. 69 → **ÜH** S. 62

Welche? Wie viele? Wie oft?

1 Türme bauen

Lege mit den drei Plättchen immer wieder einen neuen Turm!
Male die Türme auf! Wie viele Türme kannst du bauen?

2 Häuser bauen

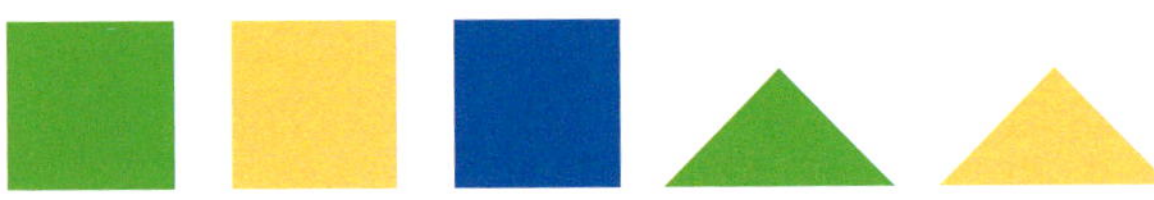

Lege mit den Plättchen immer wieder ein neues Haus!
Wie viele Häuser findest du? Male sie auf!

3 Zahlenfenster bauen

Wähle zwei Karten aus.
Ordne sie in die leeren Fenster ein,
so dass immer andere Zahlen entstehen!
Schreibe auf!

4 Würfeln

a) Jan würfelt mit drei Würfeln. Wenn er die Augenzahlen zusammenzählt, kommt er auf 13. Welche Augenzahlen könnte Jan gewürfelt haben?

b) Erkunde, welche Augenzahlen es bei 15 und 10 gibt?

c) Lege selbst eine Zahl fest und finde dazu die Augenzahlen!

☐ II:

1 Legeplättchen auf möglichst verschiedene Weise anordnen **2** Dreiecksplättchen auswählen und jedem Viereck zuordnen **3** immer zwei Ziffernkarten auswählen und verschieden anordnen **4** Summen zu den Augenzahlen finden
1–4 gemeinsam über angewendete Lösungsstrategien sprechen

→ AH S.70

Werfen und würfeln

1 Wohin kann die Kugel fallen? Erzähle!

2 **a)** Würfle mit einem Würfel 10-mal!
Trage deine Ergebnisse wie Tim in eine Tabelle ein!

Tim:

⚀	⚁	⚂	⚃	⚄	⚅
||	|		||	|||	||
2	1	0	2	3	2

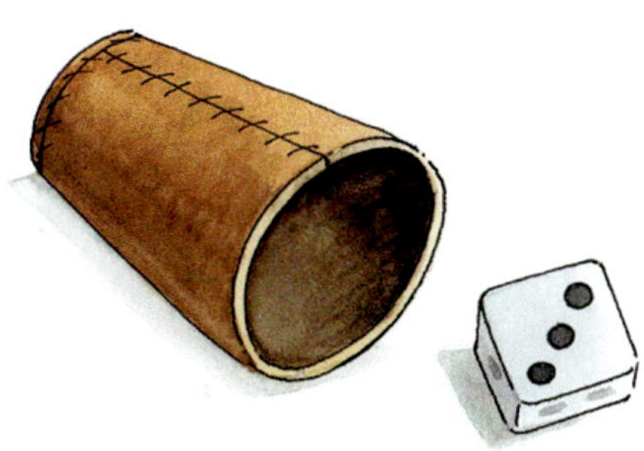

b) Welche Augenzahl hat Tim am häufigsten gewürfelt?

c) Vergleiche mit anderen Kindern!

3 Was sagst du dazu?

4 **a)** 20 − 4 = ☐ 18 − 16 = ☐ **b)** 14 − 5 = ☐ 8 + 9 = ☐ **c)** 7 + 9 = ☐ 16 − 7 = ☐

L: 2, 3, 9, 9, 16, 16, 17

1 zum Bild erzählen, verschiedene mögliche Ergebnisse beim Werfen nennen und begründen
2 eigene Würfelergebnisse in einer Tabelle festhalten
3 Aussagen unter Verwendung von „ist sicher", „ist möglich (aber nicht sicher)" und „ist unmöglich" bewerten

→ AH S. 71

Mini-Projekt: Zahlen und Formen in Märchen

1 Beschreibe die Formen und nenne die jeweiligen Märchen!

2 a) Immer 2 Kronen sind gleich. Finde sie!

b) Nenne 5 Märchen, in denen eine Prinzessin oder ein Prinz wichtig ist!

3 a) Um welches Märchen geht es hier?

b) Wer läuft vor der Katze?

c) Wer stolziert als Letzter?

d) Gib andere Reihenfolgen für die 4 Tiere an!
Wie viele findest du?

4 Nenne Märchen, in denen Zahlen vorkommen!
Welche Zahlen kommen dabei häufig vor?

1–3 *Texte lesen, Bilder betrachten und Aufgaben gemeinsam lösen*

4 *mit Hilfe von Märchenbüchern Märchentitel mit Zahlen erkunden, über die jeweilige Bedeutung der Zahlen sprechen*

1 Wie oft kommt die Zahl 7 im Märchen „Schneewittchen“ vor?
Schätze zuerst, dann zähle genau!

2 Kennst du diese Märchen?
Sprich über die Zahlen in den Texten!

Die Königstochter soll sich in ihrem 15. Jahr an einer Spindel stechen und tot hinfallen. Es soll aber nur ein 100-jähriger, tiefer Schlaf sein.

Der Hase zählte „1, 2, 3“ und los ging der Wettlauf. Der Igel lief aber nur 3 Schritte. Dann duckte er sich und blieb liegen. Der Hase lief dagegen 73 Mal hin und her. Doch der Igel war immer früher da. Beim 74. Male stürzte der Hase und blieb völlig erschöpft liegen.

„Frau Königin, Ihr seid die Schönste hier, aber Schneewittchen über den Bergen bei den sieben Zwergen ist noch 1000-mal schöner als Ihr.“

Das Schneiderlein stickte mit großen Buchstaben auf den Gürtel: „7 AUF EINEN STREICH“

3 Wie viele Märchen kennst du?
Wie viele Märchen hast du schon selbst gelesen?

4 Wie lange brauchst du zum Lesen einer Seite?
Schätze zuerst, dann prüfe mit einer Uhr!

1/2 *mit Hilfe von Märchenbüchern die Fragen beantworten, über die jeweilige Bedeutung der Zahlen sprechen*

3/4 *Ergebnisse in Tabellen festhalten und gemeinsam darüber sprechen*

Rechengeschichten zum Frühling

1

a) Finde 8 Unterschiede zwischen beiden Bildern!

b) Erzähle zu den Bildern Rechengeschichten!

2

Januar
Mo
2
9
16
23
30

Februar
Mo
6
13
20
27

März
Mo
5
12
19
26

April
Mo
2
9
16
23
30

Mai
Mo
7
14
21
28

a) In welchen Monaten ist Frühling?

b) Erkunde in einem Kalender den Tag des Frühlingsanfangs!

c) Wie lange dauert ungefähr der Frühling?

3 Emils Klasse:

	Geburtstagskinder
März	
April	
Mai	

 *bedeutet:* 1 Kind

a) Wie viele Kinder aus Emils Klasse haben im
- März,
- April,
- Mai

Geburtstag?

b) In Emils Klasse sind 25 Kinder. Stelle Fragen, rechne und antworte!

4 Gestalte ein Blatt mit Rechengeschichten zum Frühling!

1–3 *Bilder bzw. Darstellungen beschreiben, zugehörige Fragen unter Nutzung von Hilfsmitteln (Kalender) beantworten, Rechengeschichten erzählen, dabei passende Aufgaben zuordnen und lösen*

1

a) Wie heißen die Blumen?

b) Auf dem Markt gibt es Sträuße mit immer 10 Tulpen.
Frau Baum kauft 2 Sträuße.
Herr Meier kauft 3 Sträuße.
Wie viele Blumen kauft jeder?

2

Stelle gleich viele Tulpen

a) in 2 Vasen,

b) in 4 Vasen!

3 Die Kinder aus Maries Klasse haben Blumenmuster gemalt.

Lisa:

Paul:

Mia:

a) Ordne Aufgaben zu und rechne!

b) Male selbst Blumenmuster! Ordne Aufgaben zu und rechne sie!

1–3 *Bilder beschreiben, passende Aufgaben zuordnen und lösen*

Aus der Knobelkiste

1 Welche Figur passt nicht zu den anderen? Begründe!

2 Wie viele Karten muss Lilly abgeben, damit beide Kinder gleich viele Karten haben?

3 a) Löse das Zahlenrätsel!

b) Denke dir auch Zahlenrätsel aus!

4 Verteile 3 △, 3 ○ und 3 □ so, dass in jeder Spalte jede Form nur einmal steht!

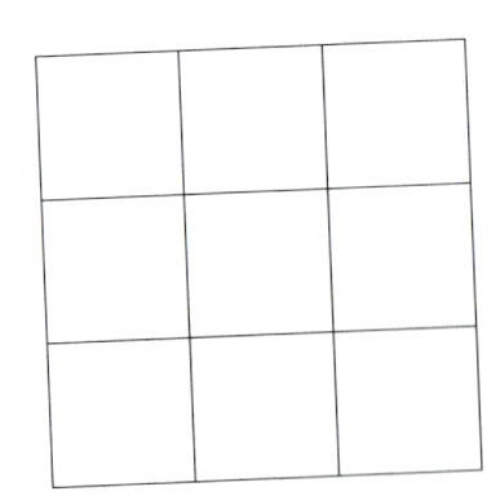

Wie viele Möglichkeiten findest du?

5 Nimm 3 Stäbchen so weg, dass nur 3 Dreiecke übrig bleiben!

6 Im Stall zählt Tobi 20 Pfoten.

Wie viele Ohren haben seine Hasen? Begründe!

Knobelaufgaben von den Kindern selbst auswählen und lösen oder die Aufgaben nacheinander bearbeiten lassen, Lösungswege und jeweilige Lösungen beschreiben bzw. begründen

Das kann ich schon! Über 20 hinaus

Zählen

1

a)
- von 20 bis 30
- von 45 bis 55

b)
- von 30 bis 20
- von 75 bis 65

c)
- 32, 34, 36, …
- 55, 60, 65, …
- 80, 76, 72, …
- 90, 81, 72, …

Gerade und ungerade Zahlen

2

a) Nenne ungerade Zahlen!

13, 41, 22, 6, 17, 34, 38, 25

b) Schreibe 5 gerade und 5 ungerade Zahlen auf!

c) Ergänze! Gerade Zahlen sind …

Verdoppeln und Halbieren

3

a) Verdopple! 8, 12, 20, 30

Halbiere! 16, 13, 20, 80

b) Verdopple und halbiere immer!

20 €, 40 €, 16 €, 38 €, 46 €, 3 €

c) Ergänze! Wenn ich eine Zahl verdopple, erhalte ich …

Ich kann eine Zahl halbieren, wenn …

Meter und Zentimeter

4

a) Nenne Dinge, die 1 m (1 cm) lang (hoch) sind!

b) Schätze die Höhe deines Stuhls! Miss nach!

c) Was kann sein? Ein Buch ist
A: 2 m
B: 2 cm
C: 12 cm dick.

Zahlenfolgen

5

a) Setze fort!
2, 4, 6, 8, …
11, 13, 15, …
20, 30, 40, …

b) Setze fort und begründe!
3, 8, 13, 18, …
100, 80, 60, …

c) Setze fort und gib die Regel an!
50, 49, 47, …
10, 21, 32, …

*den erreichten Lernstand gemäß den Anforderungsbereichen der Bildungsstandards erfassen (**a)** entspricht immer dem Anforderungsbereich I – Reproduzieren, **b)** stets dem Anforderungsbereich II – Zusammenhänge erkennen, **c)** dem Anforderungsbereich III – Verallgemeinern, Begründen)*

Projekte, Übungen, Prüfstationen

Mini-Projekt: Heute ist Wandertag

1

2

3

1–3 *Bilder beschreiben und Rechengeschichten erzählen, dabei vor allem Aufgaben zum Thema „Wandertag" zuordnen und die jeweiligen Uhrzeiten einbeziehen*

Wie viele Möglichkeiten?

1

a) In welcher Reihenfolge können die Kinder die Höhle betreten?

b) Ergänze im Heft!

Möglichkeit	Erster	Zweiter	Dritter
1.	Tim	Moritz	Paul
2.			
3.			
4.			
5.			
6.			

2

Male auf, welche Eistüten die Kinder essen können!

3 < oder >?

a) 4 ◯ 11
15 ◯ 9

b) 13 ◯ 12
8 ◯ 0

c) 17 ◯ 19
16 ◯ 14

d) 20 ◯ 18
13 ◯ 19

III.

1/2 *verschiedene Möglichkeiten systematisch in Tabellen darstellen und aufmalen, Lösungsstrategien für das Ermitteln aller Möglichkeiten vorstellen und erläutern*

Mini-Projekt: Unsere Familien

1

Sprich über Bellas Familie!
Welche Karten muss Ron für seine Familie legen?
Welche Karten musst du für deine Familie legen?

2 Wähle zwei Kinder aus deiner Klasse aus!
Erkunde Zahlen zu ihren Familien!

Ergänze im Heft!

Familie von			
Bella	|||	||	|
Ron			
mir			

Male dazu ein Bild!

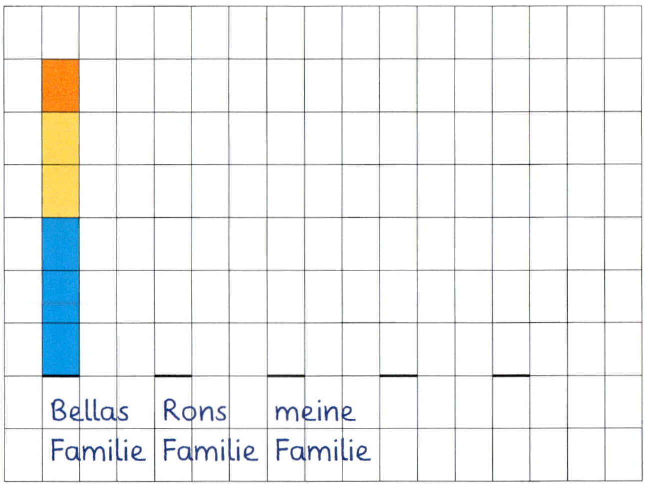

1/2 *Daten erfassen, aufbereiten und darstellen, Herstellen von Karten für die Familienmitglieder, Legen der Karten, gelegte Streifen auf Kästchenpapier übertragen*

Würfelexperimente

1 

Lena hat im Sack einen blauen, einen grünen und einen roten Würfel. Sie greift hinein und holt einen Würfel heraus. Nun schreibt sie die Farbe des Würfels auf und legt ihn wieder zurück in den Sack.

Lena und Fyn haben mehrmals probiert.

Lena schrieb:

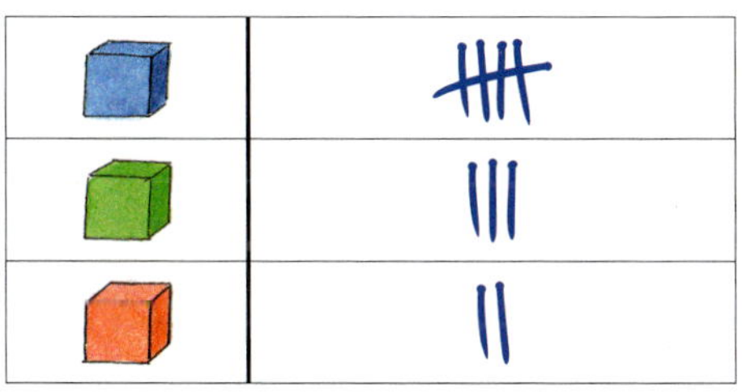

Fyn malte:

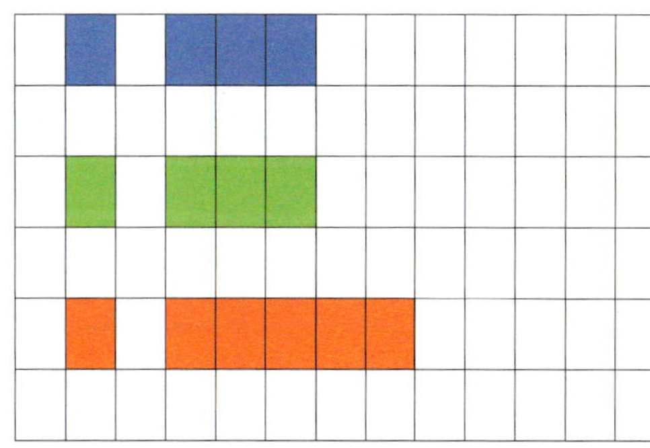

Vergleicht und sprecht darüber!

2 Probiert selbst! Schreibt oder malt dazu!

Welche Würfel habt ihr am häufigsten herausgeholt? Vergleicht mit Lenas und Fyns Ergebnissen!

3 Ist das möglich?

- Der 2. Würfel ist rot.
- Du ziehst einen roten oder einen blauen oder einen grünen Würfel.
- Du ziehst einen weißen Würfel.

1–3 *durch Probieren, Beobachten, Beschreiben verschiedene Ergebnisse von Zufallsexperimenten angeben, dabei die Begriffe „ist möglich, aber nicht sicher", „ist sicher", „ist unmöglich" verwenden*

→ **AH** S. 71

Mini-Projekt: Papierflugzeuge

1 **a)** Baut Papierflugzeuge! Nutzt dazu die Faltanleitungen!

Tims Faltanleitung

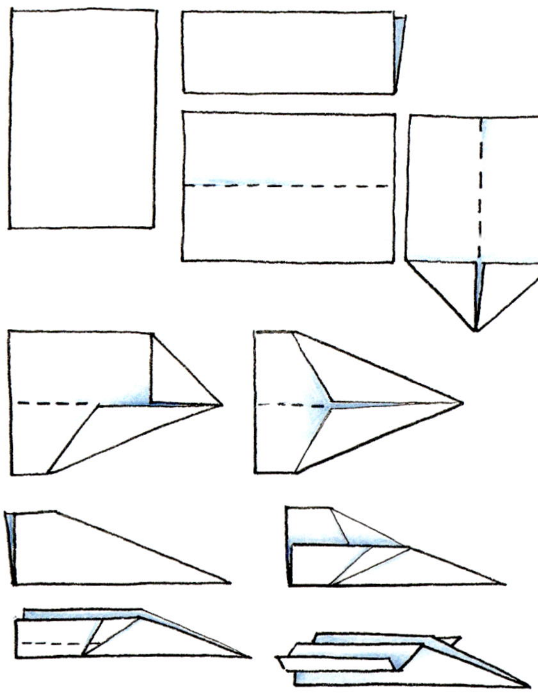

Annes Faltanleitung

Und die Flügel wie bei dem anderen Flugzeug.

b) Gestaltet eure Flugzeuge wie die Kinder aus Annes Klasse!

2 Veranstaltet einen Flugwettbewerb!
Tragt eure Ergebnisse in eine Tabelle ein und vergleicht sie!

Name	Flugweite

1 *Papierflugzeuge nach den Anleitungen falten und gestalten*

2 *Flugwettbewerb mit Papierflugzeugen durchführen, Flugweiten messen, Messergebnisse in Tabellen festhalten und miteinander vergleichen*

→ **ÜH** S. 63

Mini-Projekt: Spiegelexperimente

Nutze einen Spiegel!

1 a) Beschreibe! b) Finde die Fehler!

2 Stelle den Spiegel an die rote Linie!

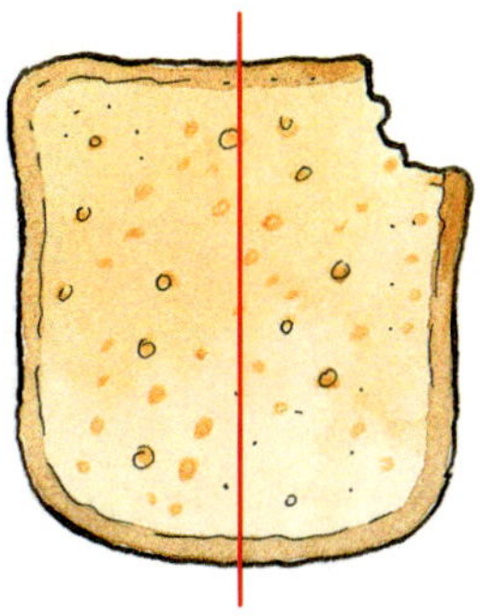

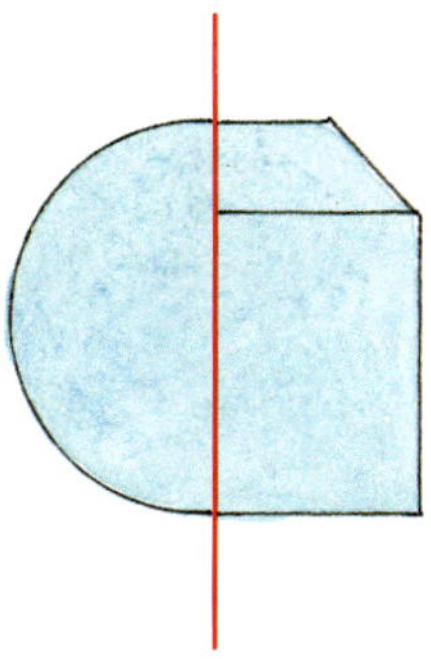

3 Schreibe mit dem Spiegel!

1–3 *Spiegelbilder und symmetrische Figuren mit Hilfe von Spiegeln untersuchen und erzeugen, Eigenschaften symmetrischer Figuren beschreiben*

→ **ÜH** S.63

1

Paul Klee „Tempelviertel von Pert“

Paul Klee ist ein bekannter Maler.
Auf vielen seiner Bilder sieht man Dreiecke, Vierecke, Kreise oder gerade und gekrümmte Linien.

2 **a)** Wo entdeckst du diese Figuren im Bild?

b) Wie viele sind es? △ ______ □ ______ ▭ ______

3 Wähle selbst Muster auf dem Bild aus und lege sie nach!

1/2 über das Kunstwerk und den Künstler Paul Klee sprechen; Muster, Formen und Anzahlen im Bild entdecken und beschreiben

3 selbst Muster erfinden, eine Ausstellung mit Musterbildern im Klassenraum gestalten

→ AH S.72 → ÜH S.64

1 Erzähle zu den Bildern!

Laura

Tom

Wie viele ▲ oder ■ entdeckst du in jedem Bild?
Male auch ein Bild aus Vierecken und Dreiecken!

2 Zeichne ein Bild aus einer gekrümmten Linie!
Male alle Flächen farbig aus!

Carolin

3 Sucht andere Bilder von Künstlern mit Linien, Kreisen, Dreiecken und Vierecken!

Victor Brauner „Deux hommes“

Gestaltet eine kleine Ausstellung!

1 *vorgegebene Muster beschreiben und eigene Muster gestalten, über Formen und Ästhetik der Muster sprechen*

Üben von Station zu Station

Station 1 Zahlen vergleichen

a) 12 ○ 20
19 ○ 18
30 ○ 10
20 ○ 50

b) 17 ○ 7
0 ○ 10
30 ○ 13
15 ○ 50

Station 2 Nachbarzahlen

Vorgänger	Zahl	Nachfolger
	13	
18		
	20	
	25	
		16

Station 3 Verdoppeln, Halbieren

a) 1 + 1 = ☐
3 + 3 = ☐
5 + 5 = ☐
7 + 7 = ☐
9 + 9 = ☐

b) 4 = ☐ + ☐
8 = ☐ + ☐
12 = ☐ + ☐
16 = ☐ + ☐
20 = ☐ + ☐

c) 11 + 11 = ☐
12 + 12 = ☐
20 + 20 = ☐
30 + 30 = ☐

Station 4 Gleichungen

a) ☐ = 3 + 11
20 = ☐ + 6
☐ = 9 + 8

b) 4 + ☐ = 13 + 2
30 − 10 = 17 + ☐
20 − 0 = 4 + 5 + ☐

Station 5 Figuren fühlen

Station 6 Sachaufgaben

Lies, stelle Fragen, rechne und antworte!

a) Anne gibt Lea 6 Karten.
Nun hat sie noch 9 Karten.

b) Tim hat 20 Bilder.
Franz hat noch 10 mehr.

c) Oma gibt Paul 8 €. Nun hat er doppelt so viel Geld wie vorher.

Aufgaben der Übungsstationen von den Kindern selbst auswählen und lösen oder Übungsstationen nacheinander bearbeiten lassen

→ AH S. 73

Aus der Knobelkiste

1 Rechenrätsel

a) 6 + △ = □

□ − 7 = 2

△ = □

□ = □

b) ○ + ○ = □

□ − 9 = 5

○ = □

□ = □

Beachte: Gleiche Zeichen bedeuten auch gleiche Zahlen.

2 Dreiecksrätsel

Wie viele Dreiecke sind es?

a) 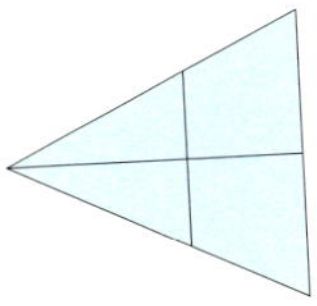

b) 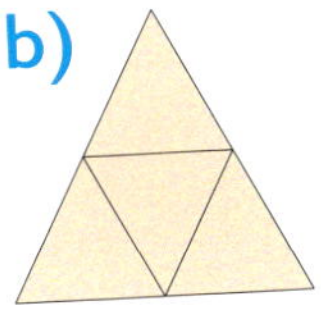

c) 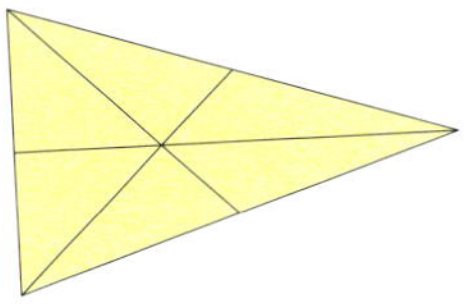

3 Zauberdreiecke

Setze die Zahlen von 1 bis 6 immer so ein, dass du beim Zusammenzählen auf jeder Seite des Dreiecks das gleiche Ergebnis erhältst!

Verwende jede Zahl nur genau einmal!

a) 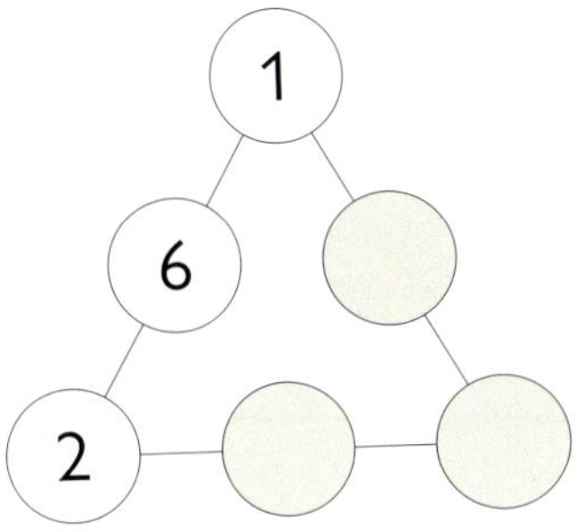

Zauberzahl: 9

b) 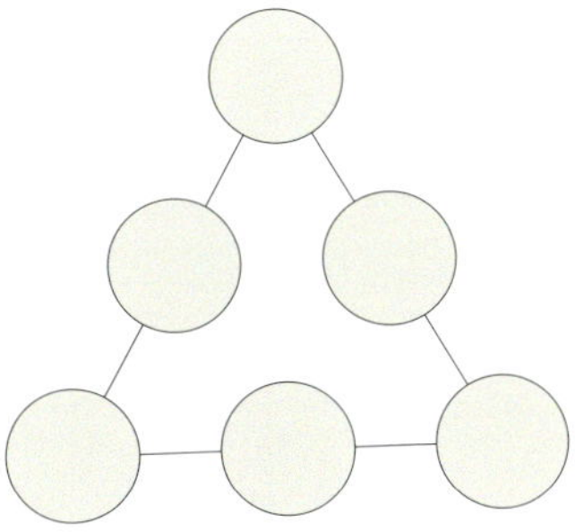

Zauberzahl: ____

4 Geldbeträge

Lege 10 Cent mit genau

a) 2 Münzen,

b) 4 Münzen,

c) 6 Münzen!

5 Apfelproblem

In einem halben Apfel sind 4 Kirschkerne. Wie viele Kirschkerne sind in einem ganzen Apfel?

Knobelaufgaben von den Kindern selbst auswählen und lösen oder die Aufgaben nacheinander bearbeiten lassen, Lösungswege und jeweilige Lösungen beschreiben bzw. begründen

→ AH S.73

Geometrische Spiele

1 Legespiele

a) Lege die Stäbchen so um, dass drei Dreiecke entstehen!

b) Nimm 5 Stäbchen so weg, dass drei Vierecke übrig bleiben!

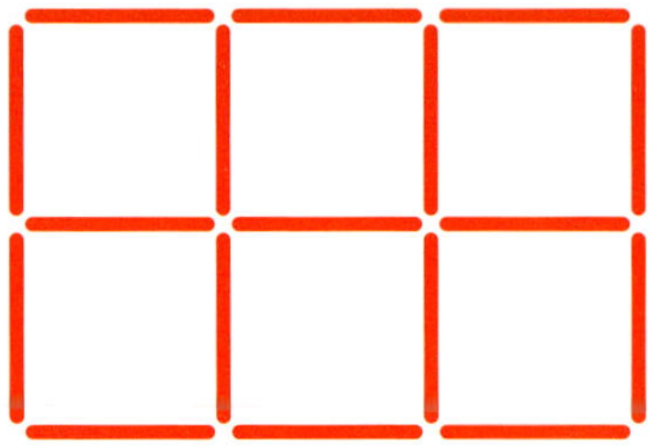

2 Viererreihe

a) ***Spielregel***

Legt abwechselnd ein Plättchen eurer Farbe auf das Spielfeld.

Wer zuerst vier Plättchen seiner Farbe waagerecht (↔), senkrecht (↕) oder diagonal (↗) gelegt hat, gewinnt.

b) Wohin muss Leo seinen Stein setzen, um im nächsten Zug zu gewinnen?

3 Irrgärten

a) Finde den Weg zur Schatztruhe!

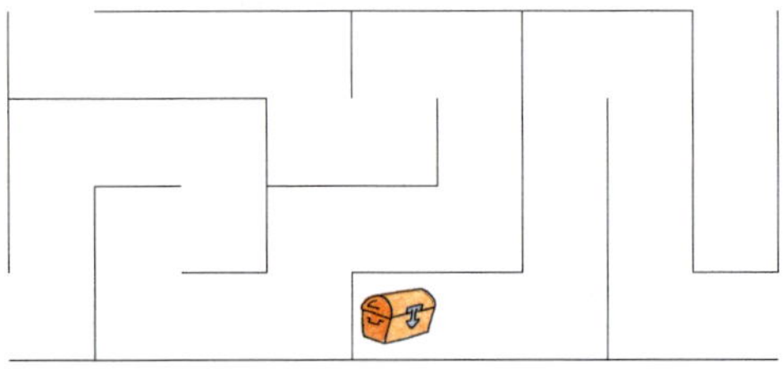

b) Beschreibe den Weg zum Schlüssel!

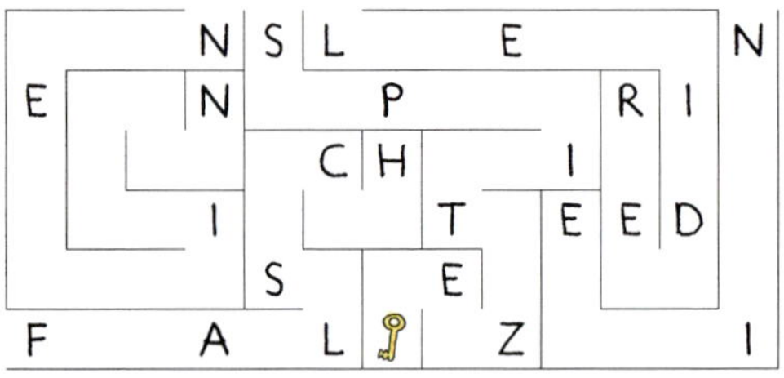

1–3 *geometrische Spiele entsprechend den vorgegebenen Regeln mehrfach spielen, Spielstände beurteilen, effektive bzw. Gewinnstrategien erkunden, Wege in Irrgarten freihand zeichnen*

→ **AH** S. 73

Das kann ich schon! Formen und Figuren

Würfel

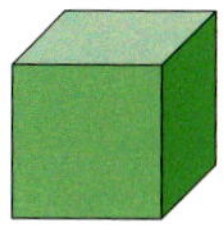

Quader

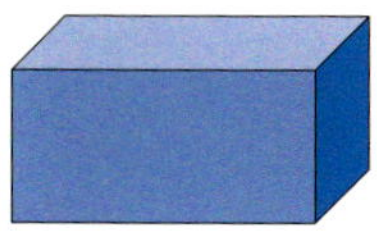

Kugel

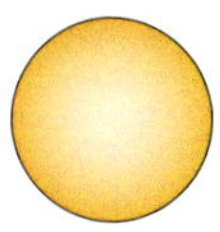

1 a) Ordne in die Tabelle ein!

Würfel	Quader	Kugel

A 

B 

C 

D 

E 

b) Ergänze weitere Beispiele!

c) Wie viele kleine Würfel fehlen, damit es ein großer Würfel wird? Begründe!

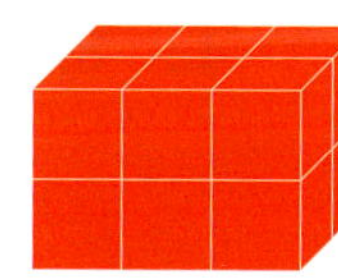

Dreieck

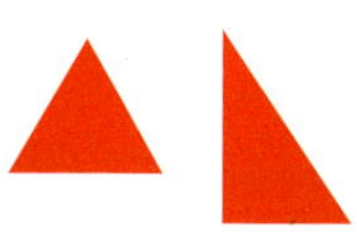

Viereck

Kreis

2 a) An welchen Verpackungen entdeckst du Dreiecke, Vierecke und Kreise!

b) Wie viele Dreiecke und Vierecke entdeckst du in der Figur?

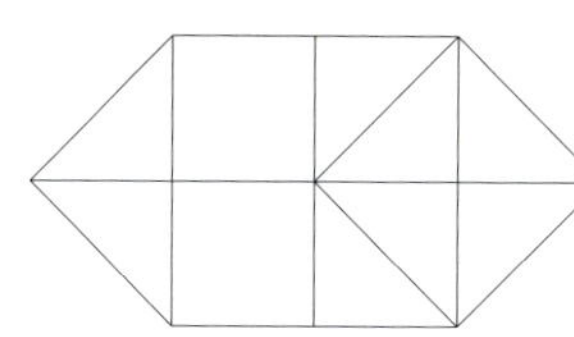

c) Lege oder male Muster aus Dreiecken, Vierecken und Kreisen und beschreibe sie!

Gerade Linien

Gekrümmte Linien

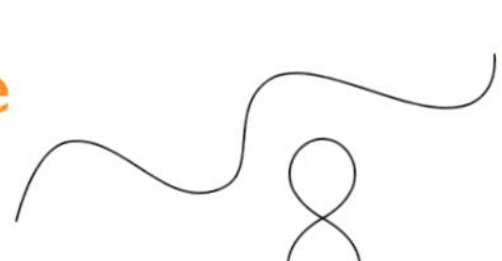

3 a) Male 2 gleich lange gerade Linien!

b) Schreibe Druckbuchstaben nur aus gekrümmten Linien!

c) Bilde Wörter aus Druckbuchstaben mit geraden Linien!

*den erreichten Lernstand gemäß den Anforderungsbereichen der Bildungsstandards erfassen (**a**) entspricht immer dem Anforderungsbereich I – Reproduzieren, **b**) stets dem Anforderungsbereich II – Zusammenhänge erkennen, **c**) dem Anforderungsbereich III – Verallgemeinern, Begründen)*

Prüfstationen: Bist du fit?

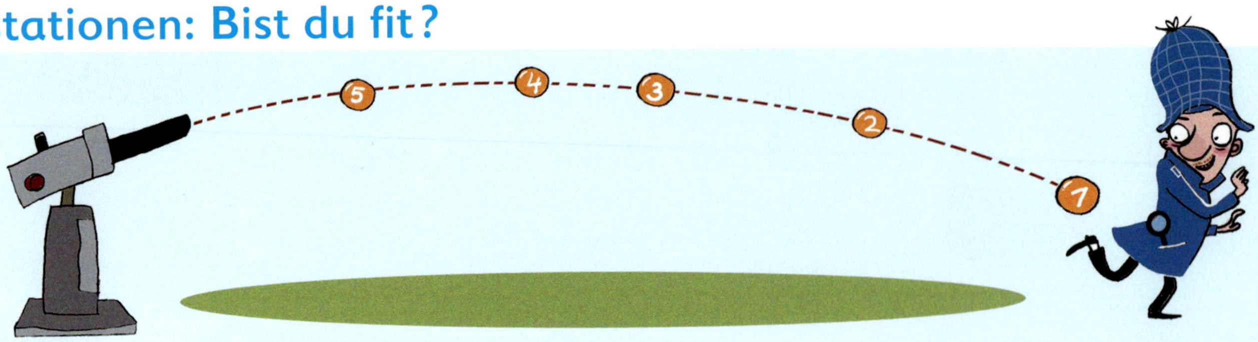

1 Plus-Aufgaben

a) + 8

7	
3	
0	

b) + 6

13	
	20
8	

L: 8, 11, 12, 14, 14, 15, 19

c) 6 + ☐ = 15 ☐ + 8 = 19

16 + ☐ = 20 ☐ + 8 = 12

L: 4, 4, 6, 9, 11

2 Minus-Aufgaben

a)

−	5	0	8	10	13
20					
17					
13					

L: 0, 3, 4, 5, 7, 7, 8, 9, 10, 11, 12, 12, 13, 15, 17, 20

b) 17 − ☐ = 12 ☐ − 8 = 7

20 − ☐ = 11 ☐ − 6 = 8

L: 5, 9, 14, 15, 16

3 Kopfrechnen

a) 4 + 3 = ☐ 18 − 2 = ☐

8 − 6 = ☐ 12 + 6 = ☐

2 + 7 = ☐ 20 − 9 = ☐

b) 7 + 9 = ☐ 14 − 9 = ☐

12 − 5 = ☐ 5 + 8 = ☐

3 + 8 = ☐ 13 − 6 = ☐

L: 2, 5, 7, 7, 7, 9, 11, 11, 12, 13, 16, 16, 18

4 Rechnen mit Pfiff

a) 3 + 15 = ☐ 20 − 17 = ☐

4 + 8 = ☐ 14 − 13 = ☐

2 + 17 = ☐ 19 − 14 = ☐

b) 6 + 9 = ☐ 16 − 9 = ☐

9 + 9 = ☐ 13 − 9 = ☐

9 + 7 = ☐ 11 − 9 = ☐

L: 1, 2, 3, 4, 5, 7, 12, 14, 15, 16, 18, 18, 19

1–4 *den erreichten Entwicklungsstand bezüglich der angegebenen Lernbereiche erfassen, einschätzen und hiervon ausgehend individuelle Lernpläne entwickeln*

5 Geometrie

a) Zähle und baue nach!

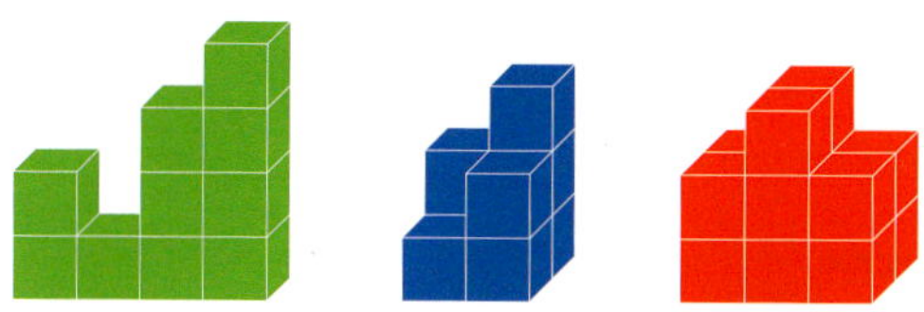

b) Falte so! Schneide aus!

Lege Muster!

6 Größen

a)

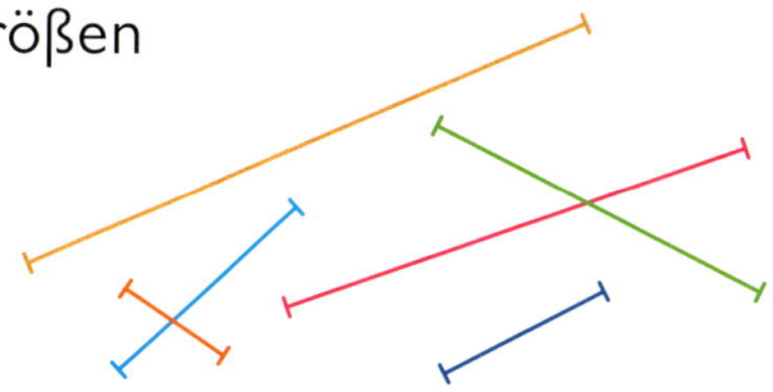

Welche Strecke ist die längste (kürzeste)?
Welche Strecke ist genau 3 cm lang?

b) Kann das sein? Begründe!

- Ein Klavier ist 2 m hoch.
- Eine Gitarre ist 50 cm lang.

7 Sachaufgaben

Lies, stelle Fragen, rechne und antworte!

a) Tjark hat 18 Bücher. 5 hat er schon gelesen.

b) Tessa hat 12 Bücher und Jona hat 17 Bücher.

c) Maxi hat 15 Bücher. Florian hat 3 Bücher weniger als Maxi.

8 Knobeln

a) Lea und Leo haben zusammen 20 Bücher. Wenn Lea 5 Bücher an Leo verleiht, dann haben beide gleich viele.

b)

☐	+	☐	=	☐
+		+		+
☐	+	☐	=	☐
=		=		=
☐	+	☐	=	20

5–8 *den erreichten Entwicklungsstand bezüglich der angegebenen Lernbereiche erfassen, einschätzen und hiervon ausgehend individuelle Lernpläne entwickeln*

Rechenwege 1

Herausgegeben von:	Friedhelm Käpnick
Erarbeitet von:	Mandy Fuchs, Wolfgang Grohmann, Friedhelm Käpnick, Elke Mirwald Angelika Möller, Petra Müller, Christine Münzel
Redaktion:	Antje Stadermann
Illustrationen:	Maja Bohn, Berlin (Lucie und Detektiv), Cleo-Petra Kurze, Berlin und Hans Wunderlich, Berlin (Piktogramme)
Umschlagillustration:	Maja Bohn, Berlin und Dorothee Mahnkopf, Berlin
Umschlaggestaltung und Layoutkonzept:	Hawemannundmosch, Berlin
Layout und technische Umsetzung:	Katrin Tengler, Berlin

Bildquellen:
S. 5, 115: Foto für Dich, Matthias Wuttig, Markkleeberg
S. 8, 21: Profil Fotografie, Marek Lange, Berlin
S. 29, 78/1a) (3), **103/2** (Kästen), **103/3** (Halma): Cornelsen Verlagsarchiv
S. 78: **1a)** EZB (Münze); Fotolia.com/Sandro Goetze (Dose); **1b)** Fotolia.com/LoopAll (Farbeimer); Fotolia.com/Victoriap. (Toilettenpapier); Fotolia.com/angelo.gi (Kaffeetasse)
S. 98: Mandy Fuchs, Neubrandenburg
S. 103: **1)** Fotolia.com/mayaa; amphibo; **2)** Antje Stadermann, Berlin (Schokoküsse); **3)** Fotolia.com/sashpictures (Mensch ärgere dich nicht)
S. 106: CHRISTOPH & Co. GmbH, Freudenberg
S. 134: Cornelsen Verlag/Peter Hartmann
S. 136: Paul Klee: Tempelviertel von Pert, 1928, 200 (T10). Aquarell und Tusche auf gipsgrundierter Gaze, 27,5 × 42 cm. Sprengel Museum Hannover: © VG Bild-Kunst, Bonn 2010.
S. 137: Victor Brauner: Deux hommes, 1954. © VG Bild-Kunst, Bonn 2010.

Dieses Buch wird ergänzt durch:

Arbeitsheft 1 mit Lernstandsseiten	ISBN 978-3-06-081321-6
Arbeitsheft 1 mit Lernstandsseiten und CD-ROM	ISBN 978-3-06-081325-4
Übungsheft 1	ISBN 978-3-06-082969-9
Handreichungen für den Unterricht 1 (mit Lösungen zu den Schulbuch- und Arbeitsheftseiten)	ISBN 978-3-06-081329-2
Differenzierungsmaterial auf drei Niveaustufen 1 (mit editierbaren Kopiervorlagen auf CD-ROM)	ISBN 978-3-06-082973-6
Handreichungen 1 und Differenzierungsmaterial 1 im Paket	ISBN 978-3-06-082977-4

www.cornelsen.de
www.vwv.de

1. Auflage, 1. Druck 2011

Alle Drucke dieser Auflage sind inhaltlich unverändert und können im Unterricht nebeneinander verwendet werden.

Druck: CS-Druck CornelsenStürtz, Berlin

ISBN 978-3-06-081317-9

Inhalt gedruckt auf säurefreiem Papier aus nachhaltiger Forstwirtschaft